동물이 건강해야
나도 건강하다고요?

동물이 건강해야 나도 건강하다고요?

신종 감염병 시대,
비인간 동물과의
공존 이야기

이항 · 천명선 · 최태규 · 황주선 지음

곰곰

프롤로그

하나의 지구,
모든 동물의 건강은 연결되어 있습니다

장면1

1983년부터 1999년까지 17년간 캐나다 몬트리올 수의과대학의 수의병리학자들은 퀘벡주 연안에 좌초된 흰고래 사체들을 부검해 사망 원인을 기록해 왔다. 거의 20년에 가까운 통계를 검토하면서 수의병리학자들은 이상한 점을 발견했다. 흰고래 사체들에서 비정상적으로 높은 빈도로 악성 종양이 발견되었는데, 이는 대개의 야생동물에서 발견되는 종양보다 훨씬 높은 빈도였다.

같은 기간, 가까운 지역의 알루미늄 제련소에서 일하는 노동자와 그 지역 주민에게서도 일반인보다 높은 빈도로 종양이 발견되었다. 학자들이 이를 추적 조사한 결과, 흰고래와 사람에게 발생한 종양 모두 인근 알루미늄 제련소에서 대량으로 방출된 다환 방향족 탄화수소(PAH, polycyclic aromatic hydrocarbons)가 그 원인이라는 사실이 밝혀졌다.

장면 2

1999년 7월, 미국 뉴욕시에서 죽은 채 발견되는 까마귀 숫자가 늘어나는 현상에 대해 일부 수의사들이 우려하고 있었다. 또 동물원에서는 키우던 새들이 이름 모를 뇌염 증상으로 죽어 갔다. 8월에 이르자 원인을 알 수 없는 뇌염 증상을 보이는 사람 환자들이 다수 발생했고, 이 중 일부는 사망했다.

마침내 비슷한 시기에 야생과 동물원의 새 그리고 사람에게 발생한 감염병이 같은 병원체에서 비롯된 질병이었으며, 사람과 동물 사이를 오가는 웨스트나일바이러스가 원인이라는 사실이 밝혀졌다. 이전에는 북아메리카대륙에 없던 이 바이러스가 뉴욕에 처음 나타난 이후 20년 동안 이 감염병은 미국과 캐나다 전역을 휩쓸며 수많은 새를 죽음에 몰아넣었고, 2,500명이 넘는 사람의 목숨을 앗아 갔다.

장면 3

2019년 12월 이후 현재까지 비위생적이고 동물에게 고통을 주는 열악한 환경에서 야생동물을 사육하거나 거래하는 과정에서 유래되었을 것으로 추정되는 코로나바이러스-19(코로나19)가 인간 사회를 휩쓸고 있다. 2021년 4월 현재 전 세계에서 1억 3,600만 명 이상의 확진자가 발생했고 사망자도 294만 명이 넘는다. 더불어 우리 삶의 모습 또한 급격히 변해 코로나19 이전 모습으로 돌아가기란 쉽지 않아 보인다. 여러 국가와 제약 회사가 나서서 시급히 백신을 개발하고 있고 일부 국가에서 접종을 시작하고 있지만, 새로운 변이 바이러스에도 백신이 효과가 있을지 예측하기 어렵다. 세계 인구 전체가 코로나19에 면역력을 가지려면 수년이 걸릴 것이라는 암울한 전망도 나오고 있다.

장면 4

17세기까지 지구에서 살아가는 인구수는 10억 명 미만이었으나 2021년 현재 인류는 78억 명이 넘고 2050년 무렵엔 100억 명을 넘어서리라 예상된다.

이처럼 거대한 인류에게 단백질을 공급하기 위해 우리는 소, 닭, 돼지, 염소 등 가축 240억 마리를 키우고 있다. 포유류 가축 모두를 합한 무게는 고래, 코끼리, 하마를 포함해 지구에 있는 모든 야생 포유류를 합한 무게의 14배에 이른다. 이들 가축 동물 대부분은 공장식 축산 농장에서 스트레스와 고통 속에 평생을 보내다 생을 마감한다.

스트레스로 면역력이 약해지고 질병에 취약해진 가축들은 코로나19, 아프리카돼지열병, 구제역, 조류인플루엔자 등 신종 인수공통 및 동물 감염병의 숙주 또는 매개자 역할을 한다. 면역력이 약해진 가축의 질병 예방과 성장 촉진을 위해 전 세계 축산 농장에서는 1년에 항생제 13만 톤을 사용하고 있다. 이렇게 당연하게 해 온 행동은 항생제 내성세균의 배양을 촉진하는 결과를 가져왔고, 이로써 연간 70만 명에 이르는 사람이 항생제 내성균 감염으로 목숨을 잃고 있다. 2050년 무렵에는 1년에 1,000만 명이 희생될 것이라고 예측된다.

공장식 축산은 지구온난화와 기후변화 원인 요소의 18퍼센트 이상을 차지하며 환경오염, 에너지와 물 과소비, 산림 벌채, 서식지 파괴 및 생물 다양성 감소의 주된 요인이 되고 있다.

• • •

위에 언급한 몇몇 장면은 사람이 살아가는 사회가 동물, 생태계, 자연과 결코 분리되어 있지 않으며, 우리 인간의 건강과 복지는 동물의 건강과 복지와 밀접히 연관되어 있다는 사실을 보여 주는 수많은 사례 중 극히 일부에 지나지 않아요.

이는 동물과 생태계의 건강과 복지를 지키지 않는다면 인간 사회의 복지와 건강 역시 담보할 수 없다는 사실을 똑똑히 말해 줍니다. 그 이유는 사람, 가축, 반려동물, 야생동물과 그들이 살아가는 생태계가 모두 유기적으로 연결되어 있기 때문이에요. 어느 한 부문에 기능이 떨어지거나 비정상 상태가 나타나면 다른 부문에도 직접적·간접적으로 바람직하지 못한 영향을 주게 되지요. 사람과 동물은 진화의 기원이 같은 데다 생태적으로 연계되어 있어서 동물과 생태계에 이상이 생기면 인간 사회에도 좋지 않은 영향을 드리울 수밖에 없습니다.

따라서 인간 사회의 문제에만 집중해서는 인류의 건강과 복지를 지키기 어려워요. 인간, 동물, 생태계, 자연과 환경 전체를 통합적으로 바라보고 해결 방안을 모색해야만 비로소 인류의 문제도 해결할 수 있다는 주장이 힘을 얻는 이유죠. 이러한 문제 해결 접근법을 '원 헬스(one health)'라고 해요. 동물과 환경을 건강하게 지키지 못한다면 인류의 건강 역시 질병에 노출될 수밖에 없습니다. 사람, 가축, 야생동물의 보건과 의학, 그리고 환경과 생태 및 사회, 경제, 법률 전문가와 관련 기관 모두가 협력하고 거시적인 통찰력을 가져야 이 복합적인 문제를 해결할 수 있어요.

최근 들어 동물의 건강과 질병 문제는 동물의 복지와 밀접히 연계되어 있다는 수많은 증거가 밝혀지고 있습니다. 예를 들어, 집약 농장의 공장식 축산 시설에서 스트레스와 고통을 받는 가축

동물들은 면역력이 약해져 질병에 걸리기 쉽고, 사람에게도 감염을 일으키는 인수 공통 병원체의 배양기 역할을 할 수 있어요.

정신적·육체적으로 고통받는 동물을 대상으로 하는 의과학 실험의 결과는 그 신뢰도가 낮아집니다. 따라서 실험동물의 복지 향상은 의과학 발전과 인간의 건강에 기여하지요. 건강과 복지는 동시에 추구해야 할 가치이며, 동물 복지를 마련하지 못하면 사람의 복지와 건강도 담보할 수 없어요. 이에 따라 사람, 가축, 야생동물, 생태계의 복지 역시 통합해 바라보고 다루어야 한다는 개념이 떠오르게 되었고, 이를 원 헬스와 상응하는 원 웰페어(one welfare: 하나의 복지)라고 부릅니다.

이 책은 원 헬스와 원 웰페어 분야에서 일하는 전문가 세 명이 들려주는 이야기로, 각 현장에서 사용하고 있는 통합적 시각과 접근 방식에 관한 생생한 사례와 성찰을 담고 있습니다. 여러분이 인간과 동물 그리고 우리를 품고 있는 생태계를 바라보는 관점에 새로운 초점을 더할 수 있기를 기대합니다.

차례

1

여섯 번째 대멸종의 위협,
우리는 살아남을 수 있을까요?

어렸을 적 가장 많이 관찰('구경'이 아니라)한 야생동물은 개미였던 것 같아요. 흙바닥에 앉아 손에 기어 올라오는 왕개미들을 홀린 듯 한참씩 바라보곤 했었죠. 복슬복슬한 개나 가만가만 다가와 몸을 비비는 고양이도 좋았지만, 개미들의 존재감은 너무나 달랐어요. 야생동물이 뭔지 알지 못했던 어린 눈으로도 개미들이 그들만의 어떤 규칙에 따라 움직인다는 것을 알아차릴 수 있었거든요. 그리고 그 움직임의 중심은 나와 같은 인간이 아니었어요. 적어도 직접적으로는 말이죠.

무엇이 개미들의 움직임을 결정지을까요? 아마도 그들이 사는 환경의 '거의 모든 것'이라고 하는 편이 답에 가까울 거예요. 지금까지 알려진 바로는 지구 위에는 2만여 종의 개미가 살고 있다고 해요. 개미들은 그들이 속해 있는 생태계의 동식물, 먹이, 지형, 기후 조건 등에 따라 생김새도, 먹이도, 행동도 저마다 달라요. 결국, 개미들이 사는 방식은 생태계를 이루는 수많은 요인과 '연결'되어 있어요.

그렇다면 인간은 어디에 들어갈까요? 인간을 생태계 일부라고 말할 수 있을까요? 이른바 '고등동물'이라고 하는 인간도 생태계 안에서 개미들과 연결되어 있을까요?

생물 다양성과 인간의 삶은 어떻게 연결되어 있을까?

인간은 생태계의 일부일까?

어쩐지 사람들은 '생태'라는 말을 좋아하는 것 같습니다. 뭔가 자연 친화적인 이미지를 전달한다고 생각해서일까요? 실제 의미를 떠나 '생태'라는 말이 들어간 단어들이 일상에서 이용되곤 하는데, 그중에서도 '생태계'라는 단어는 비교적 자주 언급되는 편이지요.

같은 생태계에 속한 생물들끼리 영향을 주거니 받거니 하며 살아간다는 사실은 여러분도 잘 알고 있을 거예요. 거리에 날아다니는 까치, 학교 뒷산에 뿌리를 내린 나무 등은 생태계에서 우리와 상호작용을 하는 동식물입니다. 한편 생물은 주위의 환경을 이루는 무생물과도 직접적으로, 또 간접적으로 상호작용을 해요. 이를테면, 대형동물(윤형동물, 선형동물, 복모동물, 동문동물, 유선형 동물을 통틀어 이르는 말로, 몸은 원통형이며 각피로 덮여 있다)들이 먹이를 먹는 과정에서 토양의 구성물들을 뒤섞으며 구조와 형태를 바꾸고, 그 토양은 다시 그 안에서 살아가는 미생물이나 식물군에 변화를 주거나 반대로 이들이 변함없이 계속 살아갈 수 있는 조건을 만드는 방식으로 영향을 주지요. 이것이 바로 무생물과 상호작용하는 한 가지 예입니다.

물론 강수량이나 기온과 같이 광범위한 단위의 환경 인자에 대다수 생물들이 영향을 받는 일이 많을 거예요. 생물과 생물이, 그리고 생물과 무생물이 서로 연결되어 관계를 이루고 있다는 사실이 생태계를 이해하는 데 매우 중요한 열쇠입니다.

'건강한 생태계', '지속 가능한 생태계'라는 표현을 흔히 들어보았을 거예요. 바로 '균형 잡힌' 생태계를 일컫는 말입니다. 균형을 이룬다는 것은 환경과 그 환경을 구성하는 생물들 사이에서 생산되고 배출되는 모든 것이 순환해 특정 물질이나 개체가 많아지거나 부족해지지 않게 안정된 상태가 유지된다는 뜻이지요.

이렇게 건강한 생태계에서는 자연재해 등으로 간혹 변화가 생긴다 하더라도, 생태계 본연의 회복력(외부 요인으로 기존 생태계 내 구성 또는 상호작용에 변화가 일어나거나 방해를 받는 상황이 생기더라도 그에 따른 피해 발생에 저항하거나 다시 신속하게 원상 복구하는 능력)을 통해 다시 본래의 안정 상태를 되찾아요. 외부 요인에 따른 변화에 대응해 본래 모습을 되찾는 힘이 강하면 강할수록 건강한 생태계라고 말할 수 있습니다.

그러나 생태계를 이루고 있는 요인들은 너무나 많고, 이들이 서로 영향을 주고받는 방식은 시간과 공간에 따라 복잡하게 달라지는 만큼, 사실 '균형 잡힌 생태계'는 매우 섬세한 상태이기도 합니다. 따라서 아주 미세한 환경 또는 특정 구성원(들)의 변화만으로도 연쇄 작용을 일으켜 생태계의 균형이 무너지거나 엄청난 타격을 받을 수 있지요. 이때 외부 요인의 영향력이 얼마나 광범위한지, 그 강도는 어떠한지, 그리고 어떠한 속도나 빈도로 작용하는지 등에 따라 해당 요인이 생태계에 끼치는 파급력은 달라집니다.

이러한 의미에서 현재 존재하는 대부분의 생태계는 그곳이 어디가 됐든, 앞에서 말한 세 가지 영향력이 모두 외부 요인의 극심한 위협에 둘러싸여 있어요. 그 위협 요인은 다름 아닌 인간이고요. 인간은 어째서 생태계에 이처럼 엄청난 영향력을 끼칠 수 있었을까요? 많은 이유가 있겠지만, 근본적으로는 인간의 번식과 생존이 자연 생태계가 가지고 있는 조절 능력에서 자유로워졌다는 점을 들 수 있어요. 지난 100여 년 동안의 폭발적인 인구 증가는 다른 생태계 요인들과 거의 연결되지 않은 채 이뤄졌다고 볼 수 있거든요.

그렇다면 다른 동물들은 생태계의 요인에 따라 개체 수가 조절될까요? 가장 쉬운 예로는 유명한 포식자(잡아먹는 동물)와 피식자(잡아먹히는 동물)의 관계를 들 수 있습니다. 어떤 해에 기후 조건이 좋았다고 가정해 봅시다. 온화한 날씨 덕분에 그해에 열매와 수풀이 풍성했다면, 열매와 풀을 먹이로 삼는 토끼나 쥐 같은 소형 포유류의 수가 급증하는 결과로 이어질 거예요. 소형 포유류의 개체 수가 늘어나면 그 자체로 끝나지 않고, 다시 이들을 먹고 사는 여우, 스라소니 등의 개체 수 증가로 이어집니다.

이처럼 포식자들의 수가 늘어나면 어떻게 될까요? 포식자의 먹이가 되는 쥐나 토끼의 수가 다시 감소하기 시작합니다. 그리고 먹잇감이 줄어듦에 따라 이들을 포식하던 동물들의 수 또한 줄어들고요. 이와 같이 나무와 땅에 열리는 식물과 소형 동물, 그리고 이들을 먹이로 삼는 포식자의 수는 서로서로 얽혀서 영향을 주고받으며 그 수를 일정하게 유지합니다. 이것이 바로 생태계에 구성원의 수를 조절하는 능력이 있음을 보여 주는 한 가지 예이죠.

그렇다면 인간은 어떨까요? 적어도 이러한 의미에서 인간은 생태계의 조절에서 자유로워진 지 꽤 오래됐다고 볼 수 있어요. 인간은 자연환경의 생물이 아닌 공장식으로 대량 사육된 가축과 대규모 단일화 재배로 얻은 곡물을 식량 자원으로 삼아 살아왔어요. 그런가 하면 의학의 발달로 수많은 질병에서 자유로워짐과 동시에 번식능력 또한 개선되었지요. 과학기술의 발달과 함께 커다란 야생동물도 손쉽게 제압할 수 있는 힘과 울창한 열대우림도 순식간에 파괴할 수 있는 능력을 갖추게 되었고요. 이처럼 인간은 생존과 번식에 있어 자연환경의 영향에서 크게 벗어나 있습니다.

심지어 오로지 인간의 즐거움을 위해 특정 야생동물 종을 절멸시키거나 산등성이를 통째로 깎아 버려도 인간 사회에 별다른 영향을 받지 않는다는 것을 경험할수록, 사람들은 더 이상 자연환경을 두려움의 대상으로 보지 않게 되었죠. 오히려 어느 시점부터인가 사람들은 자신을 생태계의 '일부'가 아닌 분리 독립된 존재로 놓고 생태계 안의 생물들을 그저 소비할 자원으로 인식하기 시작한 것으로 보입니다.

생태계와 생물 다양성의 현재, '여섯 번째 대멸종'의 위협

누구나 알다시피 현재 자연 생태계는 인간에 의해 극심하게 파괴되고 오염되고 있어요. 눈 덮인 알래스카부터 적도 지역의 열대우림까지, 지구 곳곳의 생태계들은 인간에 의해 너무나 빠른 속도로 바뀌고 있습니다. 이때 생태계의 건강도(생물이나 생체 조직, 또는 생물군집이나 사회집단 따위가 건강한 정도)나 생태계의 생산력을 결정짓는 중요한 요인은 바로 해당 생태계 안의 생물 다양성이에요. 인간이 생태계를 파괴하고 있다고 얘기할 때, 많은 경우는 해당 생태계 안

의 생물 다양성을 극심하게 감소시킴으로써 그 파괴력을 나타내곤 하죠.

생물 다양성이란 유전자 단위에서부터 여러 가지 종이 모여 있는 집합체 단위까지, 생태계를 이루고 있는 수많은 단계의 다양성 정도를 말해요. 예컨대 서식지 A에 사는 코끼리 개체군과 B에 사는 개체군이 있다고 할 때, 똑같이 1,000마리가 살고 있다고 하더라도 이들 중 유전적 다양성이 높은 개체군은 외부 변화에 더 유연하게 대처해 꾸준히 종족을 번식해 나갈 가능성이 훨씬 높지요. 유전적 다양성이 높다는 것은 그 개체군 안에 있는 개체들 사이의 능력과 특성이 더 뛰어나다는 뜻이거든요. 이는 더 넓은 범위에서도 비슷하게 나타납니다.

초원 서식지 두 곳이 있다고 가정해 볼게요. 한쪽 초원에는 삵도 살고, 여우도 살고, 곰도 살고, 부엉이나 매도 사는 등 소형 포유류를 먹고 사는 동물들이 다양하게 살아갑니다. 그런데 또 다른 서식지에서는 사람들이 사납다고 생각하는 동물들을 모두 잡아 없애는 바람에 삵을 뺀 나머지 동물들이 모두 절멸되었어요.

첫 번째 서식지에서는 간혹 여우나 곰, 부엉이 등 한두 종의 포식자가 자연재해나 해당 종에 특이적인 이유로 그 수가 급격하게 줄어든다고 해도 다른 포식자들이 있어서 여전히 소형 포유류의 수에 큰 변화 없이 전년과 비슷하게 유지될 수 있어요. 하지만 두 번째 서식지에서 소형 포유류의 수를 조절할 수 있는 포식자는 삵뿐이므로 사람들이 삵을 밀렵하거나 다른 어떤 이유로 삵의 번식률이 감소한다면 쥐의 수가 급격하게 증가할 테고, 이는 연쇄적으로 쥐가 먹이로 삼는 식생에까지 영향을 줍니다.

앞에서 예로 든 사례들이 보여 주는 것은 결국 생태계가 외부 요인에 흔들리지 않고 건강하게 균형을 유지하려면 유전자 단계에서부터 종 단위까지, 생물의 다양성이 높아야 한다는 거예요.

하지만 불행하게도 사람들은 다양한 방식으로 생물 다양성을 급격하게 감소시키고 있습니다. 2020년 세계자연기금(WWF, World Wide Fund for Nature)의 보고에 따르면, 전 세계 야생동물 개체군들은 평균 약 68퍼센트 감소된 상태를 보이고 있으며, 심한 곳은 72퍼센트까지도 생물의 수가 줄어들고 있다고 해요.

이 변화는 불과 50년도 되지 않는 기간에 벌어진 일이며, 더 무서운 사실은 이러한 감소 속도에 점차 가속도가 붙고 있다는 것이에요. 2018년 미국국립과학원회보(PNAS, Proceedings of National Academy of Science)에 발표된 〈석기시대와 현대의 지구상 총 생물 유기체량을 추정한 연구〉라는 보고서에 따르면, 현재 지구 위에 사는 전체 포유동물의 60퍼센트가 가축이고, 36퍼센트는 인간, 그리고 우리가 알고 있는 모든 야생의 포유동물들, 즉 사자, 코끼리, 너구리, 멧돼지 등을 모두 합쳐 봐야 4퍼센트 정도밖에 되지 않는다고 해요.

그래서 과학자들은 현재 지구 위에서 '여섯 번째 대멸종'이 진행되고 있다고 경고합니다. 이 지구에 생명체들이 살아가기 시작한 이후 지금까지 다섯 번의 대멸종이 일어났어요. 대멸종의 이유는 그때그때 달랐는데 대부분 지구 전체의 기후 조건이 변화함에 따라 발생하곤 했지요. 우리가 책에서만 볼 수 있는 공룡들은 이 중 5차 대멸종 때 사라졌어요. 5차 대멸종은 지구에 소행성이 충돌한 뒤 연쇄반응으로 화산활동이 일어나고 대기 성분이 변화함에 따라 당시 번성하던 공룡을 포함한 대다수 동물들이 멸종한 것으로 알려져 있습니다.

하지만 여섯 번째 대멸종은 이전에 일어났던 다섯 번의 대멸종과는 성격이 전혀 달라요. 이 대멸종의 원인은 인간이며, 우리는 점진적으로 그리고 다각적인 방법으로 지금 이 순간에도 대멸종을 이끌어 가고 있어요. 인간이 아닌 동물들을 직접 죽이기도 하고, 그들의 서식지를 파괴하거나 오염시키기도 하며, 급기야 이제는 다른 동물들이 지구에서 생존할 수 없는 기후 조건을 만들고 있죠.

생물 다양성의 감소와 인간의 삶

지구에서 살던 동물들이 멸종하는 것은 단순히 슬프고 안타까운 일로 끝나지 않습니다. 이는 당장 인류의 생존과 건강을 위협하는 결과로 이어질 수도 있기 때문이죠.

한 예로 곤충이 지구에서 사라진다고 상상해 볼까요? 누군가는 '징그럽기만 한 그깟 벌레'라고 여길 수도 있지만, 곤충들이 생태계에서 하는 역할은 그 범위가 넓고 엄청나게 중요합니다. 곤충들이 사라진다면 지구 위에는 시들어 죽은 식물들, 수많은 동물들의 배설물, 그리고 죽은 동물들의 폐사체가 오랜 기간 분해되지 않고 여기저기 널려 있을 거예요. 씨앗을 널리 퍼뜨리는 일을 곤충들에게 의지하는 식물들이 번식하지 못하게 돼 숲과 초원은 텅 비어 버릴 테고요.

최근에 사람들에게 미움을 받고 있는 박쥐는 어떨까요? '어차피 동굴 속에 꼭꼭 숨어 살아가는 박쥐들인데 다 사라진다고 별일 있겠어?'라고 생각할 수 있지만, 주로 대규모 무리를 이루고 살아가는 박쥐의 주된 먹이는 바로 모기, 깔따구와 같이 인간의 건강이나 농작물에 피해를 주는 해충들이거든요. 생태계 안에서 박쥐들이 조절하고 있는 해충의 개체 수가 어마어마하다는 것은 이미 농업계에도 잘 알려진 사실이에요.

박쥐가 모두 사라진다면 폭발적으로 증가할 해충들을 과연 인간이 감당할 수 있을까요? 살충제를 뿌리는 것은 야생동물은 물론이고 인간이나 가축의 건강에도 나쁜 영향을 주기 때문에 결코 궁극적인 해결책이라고 볼 수 없습니다.

이처럼 생태계에서는 그 어떤 한 종의 멸종도 단지 거기서 그치지 않아요. 그 종이 사라지면서 어떠한 변화들이 파생될지 우리는 예측조차 하지 못합니다. 그런데 지금 이 순간에도 수많은 종이 인간에게 등 떠밀려 멸종을 향해 달려가고 있어요. 이러한 생물다양성의 감소에서 비롯된 피해가 점점 우리 피부에 와닿기 시작하면서 비로소 우리 인간도 결국 생태계의 일부였음을 깨닫는 날이 올 것입니다.

의도한, 또는
의도하지 않은 폭력들

삶의 터전에 대한 폭력

인간은 왜, 그리고 어떻게 생물 다양성을 감소시킬까요? 오늘날의 학자들은 인간이 생물 다양성에 끼치는 영향을 흔히 1. 자연 서식지의 파괴, 2. 외래종의 도입, 3. 환경오염, 4. 남획과 포획, 5. 기후변화, 이렇게 다섯 가지로 나눕니다.

이 다섯 가지의 파괴력에 순위를 매기는 일이 크게 의미 있지는 않겠지만, 많은 학자들이 공통되게 가장 파급력이 큰 것으로 인정하는 요인은 바로 서식지의 파괴예요. 야생동물들에게 서식지가 지닌 의미는 그저 하나의 '공간' 개념을 넘어섭니다. 서식지란 해당 야생동물이 길고 긴 시간에 걸쳐 이상적으로 살아갈 수 있도록 적응한 환경인 동시에, 생존에 필요한 거의 모든 자원을 포함하고 있는 집합체이기도 하니까요.

얼마 전 인도네시아 열대우림을 말 그대로 '쓸어 버리고' 있는 굴삭기를 공격하는 듯한 오랑우탄 동영상이 SNS를 중심으로 퍼져 나간 일이 있어요. 영국의 동물학자이자 영화감독인 데이비드 아텐버러가 촬영한 이 영상은 2019년 4월 영국 BBC1 채널에서 방영된 〈기후변화: 더 팩트〉라는 제목의 다큐멘터리 중 일부입니다. 영상 속 오랑우탄은 나무를 베어 내는 굴삭기를 향해 달려들지만 결국 마취 총을 맞고 생포되고 맙니다. 지금껏 살아온 터전을 느닷없이 빼앗기고 강제로 떠나게 된 것이죠.

오늘날 존재하는 열대우림은 하루아침에 만들어진 환경이 아니에요. 현재의 다양한 서식지 및 기후 환경이 그러하듯이 열대우림 또한 다섯 번의 대멸종이 일어난 이후 기나긴 시간 동안 수많은 생물과 무생물의 상호작용과 물질들의 순환, 토양·대기·수질의 움직임이 반영되어 비로소 안정을 찾은, 그 자체로 특이성을 지닌 자연환경입니다. 그중에서도 특히 열대우림의 생물 다양성은 매우 풍성하죠. 그 안에 사는 동물들은 열대우림에서 살아갈 수 있도록 진화해 왔으며, 많은 경우 열대우림 환경 밖에서는 생존할 수가 없답니다.

이처럼 긴 역사의 결과물로 존재하는 자연 서식지를 말 그대로 불과 몇 주, 몇 달 사이에 완전한 '무(無)'의 공간으로 만드는 과정을 우리는 '산림 벌채'라고 쓰고 '산림 파괴'라고 읽습니다. 물론 그 공간은 계속 존재하겠지만 더 이상 누군가의 '서식지'는 아니지요. 그리고 그 공간에는 이내 대규모 경작지나 인간의 주거지가 들어서곤 합니다. 서식지가 사라진 공간에는 더 이상 생태계나 생물 다양성과 같은 개념이 존재할 수 없는 이유예요.

그런가 하면 요즘 흔하게 사람들 입에 오르내리고 있는 플라스틱, 특히 미세 플라스틱은 어떤가요? 미세 플라스틱은 물을 정화하고 거르는 등 다양한 방법으로 처리해서 사용하는 인간의 건강에조차 치명적이라고 합니다. 그렇다면 미세 플라스틱이 떠다니는 물속에서 살 수밖에 없는 동물들의 건강은 과연 안녕할까요?

2019년 국제연합(UN) 산하 생물다양성과학기구(IPBES)의 보고에 따르면, 미세 플라스틱 해양오염은 최소한 267종의 동물종에 영향을 끼쳤다고 해요. 여기에는 85퍼센트의 바다거북, 44퍼센트의 바닷새, 43퍼센트의 바다표범, 그리고 고래와 같은 해양 포유류들이 포함됩니다.

이 밖에도 방사능에 오염된 폐기물, 중금속 폐기물, 석유 폐기물이 스며드는 토양과 바다는 점점 동식물이 살아가기 어려운 환경으로 변해 가고 있어요. 이러한 환경 악화를 버티지 못한 종들부터 자연스럽게 개체 수가 빠른 속도로 감소하고 있지요. 오염은 공기 중에서도 심각한 영향을 가져옵니다. 산업혁명 때부터 다양하게 사용해 온 화석연료에서 뿜어 나온 대기오염 물질은 전 세계에 산성비를 흩뿌렸고, 물의 산성도를 바꿔 놓음으로써 이에 민감한 생물들의 번식과 생존을 방해해 왔지요. 이처럼 환경오염은 단기간 또는 장기간에 걸쳐 생물들이 살아가는 삶의 터전 자체를 뒤바꿔 버립니다.

기후변화는 아마도 현재 가장 많이 언급되는 환경 변화 이슈 중 하나일 거예요. 불행히도 기후변화가 하루아침에 일어난 일이 아닌 이상 하루아침에 좋아지기도 어렵습니다. 기후변화가 지구와 인간의 삶에 끼치는 영향은 너무나 광범위해서 어떤 결과를 가져올지 예측하기 힘들어요. 많은 학자들이 기후변화의 영향력 앞에서 낙관적인 태도를 유지하기 어려워하는 이유이기도 하죠. 기후변화가 무서운 이유는 그것을 피해 도망갈 곳이 조금도 존재하지 않는다는 절대성에서 비롯됩니다.

기후변화의 영향력이 아직은 지구의 양극단에 사는 생물들에게만 치명적이라고 느껴질 수도 있어요. 실제로 북극곰은 이제는 존재하지 않는 빙하 서식지를 떠나 일반 불곰들과 비슷한 생태를 보이기 시작한 것으로 알려져 있지요. 북극과 남극 말고도 높은 고도에 사는 동물들이 있어요. 고원지대나 운무림(구름이나 안개가 늘 끼어 있는 고산지대에 생기며, 습도와 냉기가 높아서 이끼류가 두텁게 뒤덮은 숲. 1970년대만 해도 전 세계 산림의 약 11퍼센트를 차지했으나 현재는 기후변화로 1퍼센트도 남지 않은 산림 서식지이다)과 같이 높은 산림 서식지에 사는 동물들은 조금씩 조금씩 더 시원한 서식지를 찾아 해마다 더 높은 곳으로 쫓겨 올라갈 수밖에 없어요. 언젠가 그 산의 꼭대기에 다다르면 더는 갈 수 있는 곳이 없겠지요. 아름답고 신비로운 깃털로 유명한 케찰(resplendent quetzal) 또한 운무림에 사는 잠재적인 멸종 위기종이에요.

동물에 대한 폭력

앞의 사례들과 달리 사람들이 동물들에게 직접적으로 영향력을 가함으로써 생존을 위태롭게 만드는 경우 또한 많이 찾아볼 수 있습니다. 그 영향력을 크게 남획과 포획, 외래종 도입으로 나누어 볼 수 있어요.

인간이 자연 서식지에 사는 야생동물을 산 채로 또는 죽여서 잡아 온 역사는 길고 길어요. 그러나 인간의 기술력이 급속도로 발전하고 인간의 수가 기하급수로 늘어나면서 인간이 야생동물을 죽이거나 사로잡는 방법도 빠르게 발전했어요. 이제 인간은 매우 '효율적'으로 야생동물들을 죽이거나 잡고 있습니다. 인간이 야생동물을 잡는 여러 행태 중 가장 대규모로 일어나는 것으로는 어류 남획과 야생동물 거래를 들 수 있어요.

우리가 미처 인식하지 못하곤 하지만 사실 물고기는 모두 야생 동물입니다. 인공적으로 양식을 하는 몇몇 종들을 제외하고는 말이죠. 사람들은 끝없이 넓어 보이는 바다에 막연한 이미지를 갖고 있어서 그 안에는 무언가 무한대의 자원이 존재하리라고 믿는 것 같습니다. 지금 이 순간에도 전 세계 해양에서 거대한 배들이 말 그대로 바다를 '긁어'모으고 있어요. 해수면에 그물을 치거나 촘촘한 그물을 바다 밑바닥으로 끌고 다니면서 그 거대한 그물에 걸린 크고 작은 동물들을 모조리 잡아 올려 죽이죠. 잡아 올리기 전에 이미 죽어 있는 경우도 다반사고요. 일단 이렇게 잡는 물고기의 수 자체가 엄청난 것은 물론이고, 그 과정에서 죽어 간 더 많은 동물들은 상품으로 팔 수 없어서 다시 바다로 버려집니다.

우리가 먹는 생선들은 그렇게 바다에서 마트로 흘러들어 온다고 볼 수 있어요. 많이 소비되는 종은 주요 표적이 되는 만큼 더 심각한 상황에 놓여 있습니다. 우리에게 너무나 친숙한 참치를 예로 들어 볼게요. 인간이 주로 소비하고 있는 참치 6종 중 청다랑어 3종은 이미 국제자연보전연맹(IUCN, International Union for Conservation of Nature)의 〈적색 자료 목록〉에 '위급한 멸종 위기종(CR, Critically Endangered)'으로 지정되어 있지만, 수많은 보전 노력에도 그 수가 늘어날 기미가 보이지 않습니다. 이 밖에 황다랑어 등 3종 또한 개체 수가 계속 줄어들고 있어서 마찬가지로 '취약 근접종(NT, Near

Threatened)'으로 분류되고 있어요.

그렇다면 거래를 위해 남획되는 야생동물을 알아볼까요? 야생동물들은 살아서 거래되기도 하고, 죽어서 그 신체의 일부만 거래되기도 해요. 그리고 이러한 거래는 대부분 인간의 생존이나 삶의 안녕과는 관계가 없는 이유로 이루어지죠. 사치, 보신, 때로는 호기심을 채우려고 야생동물들을 자연 서식지에서 산 채로 잡거나 죽입니다.

예를 들어 볼게요. 샥스핀 수프를 만들기 위해 상어를 수백 톤씩 잡아 대거나, 불법 한약재 또는 식재료로 쓰기 위해 천산갑을 멸종 위기 직전까지 몰아가고 있어요. 반려동물로 인기 있는 앵무새 종 대다수는 이미 멸종 위기종으로 지정되어 있고, 군대 수준의 규모와 무기를 갖춘 밀렵꾼들이 상아를 얻으려고 코끼리 사냥을 멈추지 않고 있습니다. 이렇게 잡은 야생동물들은 상품으로 둔갑해 불법적인 경로로 유통되거나 인터넷에서 암암리에 거래되곤 합니다.

인간이 생태계의 균형을 찾을 수 있을까?

일상 속 풍경에 민감해지기

우리가 무심코 지나치는 모든 풍경은 앞에서 언급한 모든 착취와 끈끈하고 끈질기게 연결되어 있어요. 단지 그동안은 알 필요가 없다고 여겼기에 보이지 않았을 뿐이죠. 환경을 보호하기 위해 우리가 일상생활 속에서 어떻게 행동을 바꾸고 무엇을 실천해야 하는지는 이미 잘 알고 있을 테니 실천 방법보다는 조금 다른 얘기로 마무리를 하려고 합니다.

진부하지만, 거대한 변화를 늦추기 위한 가장 현실적인 방법은 우리 한 사람 한 사람이 일상에서 마주하는 수많은 선택에 변화를 주는 것입니다. 물론 내일 당장 지구 위에서 온실가스 생산을 모두 중단한다고 해도 기후변화의 영향은 수십 년은 계속 나타날 것이라고 해요. 그럼에도 개개인이 일상에서 내리는 결정의 전환만이 근본적인 변화를 불러올 수 있어요.

매우 단순한 변화 몇 가지로 전 지구적인 기후변화를 늦추거나 막는 것은 현실적으로 불가능할 것입니다. 예컨대 당장 에코백을 쓴다거나 텀블러를 쓰는 정도의 한두 가지 노력만으로 바로 눈에 띄는 변화가 나타날 거라는 기대는 아무래도 무리겠지요. 우리가 일상에서 맞이하는 생각과 태도의 변화는 그보다 더 '광범위하고, 근본적이며, 공격적'이어야 할 것입니다. 이게 무슨 말이냐고요?

우리가 그동안 소비해 온 모든 것의 가치에 대해 다시 한번 생각해 봅시다. 먹는 것, 입는 것, 사용하는 것, 그러니까 우리가 소비하는 것들 가운데 흙에서 자연적인 과정만을 통해 자라나는 재화는 아주 일부일 뿐이에요.

예컨대 제철 과일이 아닌 모든 과일은 비닐하우스에서 생산됩니다. 비닐하우스는 어떻게 사시사철 따듯한 온도를 유지할까요? 철마다 사고 버리는 옷들을 생산하고 폐기하는 데 어느 정도의 물과 에너지가 소모될까요? 마트에 가면 천장에 닿을 듯이 쌓여 있는 간식들, 이제는 거의 모든 사람이 매일 먹고 있는 고기를 풍족하게 생산하기 위해 어느 정도 넓이의 숲이 불태워지고 있을까요? 이 모든 것이 어떤 과정을 통해 생산되어 우리에게 도착하는지 생각해 보고, 그 영향에 대해 실제로 알아보고, 현실을 있는 그대로 마주하는 것은 결코 마음 편한 일이 아니겠지요.

진정으로 근본적인 변화를 원한다면 우리는 지금보다 훨씬 불편하고 단순한 일상을 맞이해야 합니다. 이는 결코 즐겁거나 재미있는 변화가 아닐 것입니다. 게다가 더 큰 문제는 현대사회의 사람 대다수가 대도시에서 살고 있다는 사실입니다. 자연 생태계에서 벌어지고 있는 수많은 수탈과 파괴, 착취가 당장 내 눈앞에서 일어나지는 않기에 '나의 문제'로 와닿기가 어렵지요. 수많은 야생동물의 아우성과 스러짐을 삭제한 채 우리가 소비하는 모든 것은 깨끗하고 네모나게 포장되어 친절하게 집 앞까지 배달됩니다. 그 네모난 상품 뒤에 감추어진 이야기들은 고작해야 지나치게 작은 글씨로 적어 놓은 성분표 정도죠.

하지만 우리가 하는 모든 소비는 세상과 연결되어 있어요. 단순히 물건을 사는 것만 소비가 아니에요. 텔레비전에서, 유튜브에서 우리는 개인들이 야생동물을 키우는 장면을 심심찮게 보곤 합니다.

그런가 하면 요즘은 '체험 동물원'이나 '야생동물 카페'라는 이름으로 도심 한복판 실내에서 야생동물을 사육하는 모습도 흔히 볼 수 있어요. '야생동물을 평생 햇빛도 안 드는 시멘트 공간에서 살게 해도 되나?' 하고 의아하게 여길 만도 하지만, 안타깝게도 사람들 대부분은 '괜찮으니까 하겠지'라고 대수롭지 않게 스쳐 지나갑니다. 그래서 그런 시설들이 이윤을 내고 계속 생겨나는 거예요. 어떻게 보면 이러한 무신경함은 한국의 교육에서 문제를 찾을 수도 있겠네요. 어렸을 때부터 학교에서든 집에서든 생태계나 야생동물의 존재에 대해 진지하고 깊이 있게 알려서 계속 관심을 가지도록 하는 게 중요합니다.

야생동물을 물건처럼 사고팔거나 가두는 인간의 행동은 그 자체로 야생동물을 학대하는 것이며, 더 나아가 생물 다양성의 보전에도 매우 부정적인 영향을 끼칩니다.

첫 번째로, 야생동물을 전시하는 행위는 왜곡된 인식을 전달하게 되죠. '아, 야생동물이라는 건, 이렇게 개인이 잡아서 가두고 키워도 되는 존재구나. 실내에서만 살게 해도 되고, 인간이 주는 음식을 구걸하게 해도 되네. 그리고 인간이 원할 때면 언제든 힘으로 누르고 억지로 만져도 되는구나.'

어떤 물음표도 떠올리지 않고 야생동물을 '전시'하고 '구경'하는 사회라면, 그런 모습이 '자연스럽게' 여겨지는 세상이라면, 사람들은 이렇게 생각하게 되지 않을까요? 이런 사회에서 살아가는 사람들이라면 야생동물을 생태계의 구성원으로서 존중하고, 우리와 공존해야 할 대상으로 받아들이지 않을 것입니다. 야생동물을 인간의 의지대로 소비 가능한 대상으로 바라보는 이들이 '생물 다양성, 생태계 보전'의 중요성을 깨닫고 실천하기를 기대하기란 매우 어려울 테니까요.

두 번째로 짚어 볼 것은 야생동물을 개인이 소유하고 사육하고

자 하는 욕심에서 비롯된 국가 간 야생동물 거래입니다. 한국이나 일본같이 야생동물 반입 규정이 엄격하지 않은 나라에서 사람들이 인터넷으로 사서 키우는 야생동물들은 반드시 어딘가에서 오게 되어 있죠. 십자매나 햄스터처럼 가축이라고 하긴 어렵지만 인간이 사육한 지 오래되어 인공번식이 쉬운 종들과 달리 야생동물들 대부분은 결국 자연 서식지에서 잡혀서 팔려 온 것입니다.

자연 서식지에서 야생동물을 잡아 개인이 관광객에게 판매하는 행위, 또는 대규모로 선진국에 판매하는 행위는 흔히 야생동물의 종 다양성이 풍부한 개발도상국에서 매우 손쉬운 돈벌이 수단이 되고 있어요. 신기한 사치품으로 취급받는 야생동물들의 인기는 사람들의 허영과 유행에 따라 주기적으로 그 대상이 바뀝니다. 유행에 맞춰 때마다 다른 종의 야생동물들이 숲에서 들에서 잡혀 나가고, 해당 종들은 그렇게 멸종 위기로 치닫게 되죠. 대형 앵무새 종들이 그랬고, 크고 작은 원숭이류들이 그랬듯이 말입니다.

자연 서식지는 야생동물의 집이고, 야생동물은 자연 서식지에서 살아야 합니다. 이러한 사실은 너무나 단순하고 당연한 이치예요. 인간이 자연 서식지를 파괴하는 행위는 야생동물이 살아갈 환경을 앗아 가는 행위이고, 이는 자연히 생물 다양성의 감소로 이어져 치명적인 결과를 가져올 수밖에 없습니다. 이런 사고의 흐름이 이어져야 해요. 다양한 방식과 이유로 인간의 영역에 갇혀 있는 야생동물을 볼 때, 우리는 좀 더 민감해져야 하고 더욱 불편해져야 합니다.

사이와 사이, 우리를 잇는 연결점 알기

우리가 소비하는 많은 것 중에서 생물 다양성과 매우 밀접한 것을 고르라면 고기와 팜유를 꼽을 수 있어요. 이게 무슨 관련이 있냐고요? 예를 들어 설명해 보겠습니다.

2019년 여름에 일어난 아마존 대형 화재 사건을 알고 있나요? 언론 보도와 SNS 공유로 불타고 있는 숲의 모습과 불길을 미처 피하지 못한 동물들의 죽음이 알려졌습니다. 겨우 살아남은 동물들도 다친 몸으로 삶의 터전을 잃고 고통받긴 마찬가지였죠. 브라질 국립우주연구소(INPE, Instituto Nacional de Pesquisas Espaciais)에 따르면, 이 산불로 2019년 8월 1일부터 2020년 7월 31일까지 약 1만 1,000제곱킬로미터가 파괴되었다고 합니다.

아마존 대형 화재는 어느 날 갑자기 일어난 일이 아니에요. 더 넓은 토양을 확보하기 위해 아마존의 열대우림을 불로 태워 없애는 작업은 지속적으로 이뤄져 왔습니다. 반복된 산불에 건조해진 숲은 토양도, 나무들도, 수분을 저장할 수 있는 능력이 점점 떨어지게 되지요. 결국에는 화재 발생에 취약해지고, 산불이 더 쉽게 발생하는 악순환으로 이어집니다. 대체 아마존을 태워 없애고 그 넓은 땅에서 무엇을 하려는 것일까요?

놀랍게도 그 땅은 소 방목지로 사용됩니다. 인류가 엄청나게 소비하고 있는 소고기를 생산하기 위해 우리는 '지구의 허파' 역할을 하고 있는 열대우림을 태우고 있는 거예요. 더구나 아마존은 엄청나게 다양한 동물에게 삶의 터전을 제공하는, 지구상에서 가장 큰 열대우림입니다. 이러한 숲을 빠르고 편하게 '클리어'하기 위해 사람들은 인위적으로 불을 냅니다. 살아 있는 숲을, 살아 있는 동물과 식물을 통째로 태워 버리는 거예요.

아마존과 같이 생물 다양성이 무한에 가까운 열대우림이 만들어지는 데 수백만, 수천만 년이 걸렸을 것으로 추정됩니다. 그 안에 서식하고 있는 동식물의 다양성은 너무나 방대해서 인류는 아직 어떤 생물들이 사는지 다 파악조차 못 하고 있을 정도죠. 하지만 전체 열대우림의 40퍼센트를 차지하는 아마존을 비롯해 전 세계 열대우림은 인류에 의해 급속하게 줄어들고 있으며, 이처럼 급속도로 이뤄지는 열대우림의 감소는 기후변화를 촉진하고, 기후변화로 더욱 뜨거워지고 건조해진 숲에서는 더 광범위하고 빈번하게 화재가 발생합니다. 우리는 지금 이런 악순환에 빠져 있어요.

그럼에도 지금처럼 육류를 소비할지, 소비하지 않을지는 개인의 선택에 달려 있어요. 다만, 지금까지는 이러한 선택을 하는 데 필요한 정보가 개인에게 잘 알려지지 않았던 것이 사실이에요. 오늘날 지구 위의 이 많은 사람이 어떻게 소고기를 이 정도의 가격과 빈도로 쉽게 소비할 수 있는지, 이를 위해 무엇이 희생되고 있는지 사람들은 대부분 잘 알지 못합니다. 알았다면 한 번쯤 더 고민해 봤겠죠. 지금과 같은 양과 빈도로 육류를 꼭 소비해야 할지 한번 생각해 볼 만합니다. 분명한 것은 자연의 희생이 없는, 동물의 고통이 따르지 않는 고기는 없다는 거예요.

팜유는 전 세계에서 아마도 가장 광범위하게 활용되고 있는 단일 식품 성분의 하나가 아닐까 생각됩니다. 팜유는 값싼 식물성 유지로 과자, 라면, 초콜릿 등 다 셀 수도 없을 만큼 많은 가공식품을 만드는 데 쓰이죠. 식품뿐만이 아니라 매끄러운 감촉을 주는 대부분의 제품들, 가장 대표적으로는 비누, 샴푸 등에도 빠지지 않고 쓰이고 있고요.

문제는 팜유 농장이 대부분 동남아 국가들에서 운영되고 있으며, 농장을 세우기 위해 마찬가지로 열대우림을 태운다는 거예요. 동남아 열대우림을 벗어나서는 서식하지 못하는 오랑우탄을 포함한 수많은 야생동물의 서식지를 통째로 불태우고 삽시간에 팜유나무만 즐비한 농장으로 둔갑시켜 버리죠. 나무 위에서 살던 오랑우탄들은 불을 피해 마을로 도망 나왔다가 사람들의 몽둥이세

례에 죽어 갑니다. 이 이야기는 오늘날 인도네시아를 비롯해 팜유 농장이 활발하게 운영되고 있는 국가들에서 실제로 벌어지고 있는 일이에요.

하지만 야생동물들의 서식지 파괴를 최대한 줄이려는 사람들의 노력도 펼쳐지고 있습니다. '열대우림동맹(RFA, Rainforest Alliance)'은 미국 뉴욕과 네덜란드 암스테르담에 본부를 두고 있는 비정부기구입니다. 제품 또는 서비스를 생산하고 제공하는 과정에서 열대우림을 파괴하지 않은 임업, 농업, 관광업자에게 '열대우림 동맹 증서'를 주지요. 하지만 이러한 노력은 아직 널리 퍼져 나가지 못한 데다 팜유를 대체할 성분도 많지 않아서 동남아의 열대우림이 불 속으로 사라지는 상황은 당분간 계속 이어지리라 조심스레 예측해 봅니다.

지금까지 살펴본 것처럼 팜유와 소고기 등은 이미 우리 일상생활 속으로 너무 깊이 들어와 버린 소비품들이에요. 인류는 생물다양성을 지키기 위해 이러한 것들을 포기할 수 있을까요? 아니면 크게 줄여 나가기라도 할 수 있을까요? 인류까지 갈 것도 없습니다. 저와 여러분은, 과연 그럴 준비가 되었을까요?

2

야생동물과의 거리,
양팔 벌려 좌우로 나란히

전 세계 사람 대다수는 어느새 1년이 넘는 기간 동안 코로나19가 지배하는 세상을 살고 있습니다. 사람들의 취미 생활, 생계, 학업, 인간관계부터 나아가 한 국가와 국제사회의 문화, 사회, 경제, 무역, 의료, 교육 체계 등에 이르기까지 거의 모든 것이 코로나19의 영향을 받아 변하고 있지요.

코로나19의 사회 장악력은 정말 무섭지만, 사실 코로나19가 이 세상에 등장했다는 사실은 그다지 놀랄 일도, 예측이 어려운 사건도 아니었습니다. 그저 '언제'의 문제였을 뿐이에요. 언젠가 이러한 위험이 발생할 것이라는 경고가 수없이 많았음에도 이를 무시하고 실질적인 조치를 아무것도 취하지 않았다면, 우리는 코로나19의 등장에 놀라서는 안 됩니다.

야생동물 유래의 질병이 인수 공통 감염병이 되어 나타난 것은 이번이 처음도 아니며, 마지막 또한 절대 아닐 거예요. 우리는 그간 야생동물들이 가지고 있던 다양한 미생물이 사람에게 옮겨 올 수 있는 다리들을 놓아 주었고, 미생물들은 자연스럽게 그 다리들을 건너고 있을 뿐이에요. 그렇다면 그 다리들은 대체 무엇일까요? 과연 우리는 지금이라도 이 다리들을 끊어 버릴 수 있을까요?

동물과 사람,
같은 질병에 노출되다

인수 공통 감염병, 신종 감염병, 야생동물 유래란?

1997년 홍콩에서 고병원성 조류인플루엔자 바이러스가 처음으로 사람에서 감염을 일으킨 이후부터 오늘날 코로나19의 세상이 될 때까지 급격히 많이 등장한 용어가 몇 가지 있습니다. '인수 공통 감염병(人獸共通感染病)', '신종 감염병', '(야생)동물 유래' 같은 용어 또한 그중 일부입니다.

인수 공통 감염병이란 한마디로 어떤 병원체에 의한 감염이 여러 동물종에서 질병을 일으키는 경우, 이 동물종들 중에 인간이 포함되는 경우를 말해요. 오래전부터 알려진 인수 공통 감염병으로는 탄저병, 광견병, 우결핵병 등이 있습니다.

어떠한 질병이 '신종 감염병'이라고 불리는 경우는 흔히 다음 네 가지로 나눌 수 있어요. 첫째, 기존에 알려진 숙주종이 아닌 새로운 동물종에서 감염이 일어나고 질병이 발생하는 경우, 둘째, 기존에 알려진 지역이 아닌 새로운 지역에서 해당 질병이 발생하는 경우, 셋째, 같은 지역의 같은 숙주종임에도 이전보다 병원성이 더 높거나 더욱 빈번하게 발생하는 경우입니다. 마지막으로 네 번째는 알려지지 않은 완전히 새로운 병원체가 발생하는 경우입니다.

사람에게 어떠한 새로운 질병이 발생했을 때, 이 질병을 일으키는 병원체가 다른 동물에게서 알려진 것이라면 '동물 유래'라고 칭합니다. 동물 또는 가축에게 그동안 야생동물에게서만 보고된 병원체 감염이 발생했다면 '야생동물 유래'라는 말로 표현해요.

사람이 인수 공통 감염병에 끼친 영향

최근 들어 인수 공통 감염병이라는 단어를 매우 두려운 존재처럼 받아들이곤 하지만, 사실 인수 공통 감염병은 전혀 새로운 것도 아니며 질병이 인수 공통의 특징을 지니는 것은 오히려 매우 자연스러운 현상이에요. 병원체마다 습성이 다 달라서 어떤 병원체들은 매우 종 특이적으로 한 가지 숙주종에서만 감염을 일으키기도 해요. 하지만 서로 반대쪽 극단에 놓인 병원체들은 매우 광범위한 동물종에게 감염을 일으키는 능력을 가지고 있기도 합니다.

예를 들어, 톡소포자충은 포유류, 조류 등을 포함한 모든 온혈 동물을 중간숙주로 활용하는 것으로 유명해요. 더욱이 인간과 유전적으로 흡사한 고릴라나 침팬지 같은 영장류에게서 알려진 병원체들 중 많은 수가 인수 공통인 것으로 보고되고 있습니다.

그러나 이처럼 병원체 자체의 자연적인 능력 말고도 인수 공통 감염병의 수가 증가한 데에는 사람의 역할이 크게 작용했어요. 야생동물을 가축화하기 시작하면서 인간은 이전까지 접촉 기회가 많지 않았던 야생동물 종들과 한 울타리에서 같이 살게 되었어요. 먹이를 먹이고, 신체 부위를 쓰다듬고, 다치면 치료를 하고, 우유를 받아 마시고, 고기를 얻으려고 도축을 하기도 했겠지요. 이러한 모든 과정에서 야생동물의 체내에 있던 미생물들이 다양한 경로로 인간에게로 넘어올 수 있었을 거예요.

동물을 가축화했을지는 모르나, 인간이 그 동물이 가지고 있던 병원체들 가까이에서 살아남기까지는 많은 시간과 희생이 필요했습니다. 이처럼 가축화 과정에서 인간이 얻게 된 인수 공통 감염병에는 홍역, 디프테리아, 백일해, 천연두(두창), 결핵 등이 있습니다. 이러한 인수 공통 감염병들을 극복하고 살아가기까지 인류는 오랜 기간 많은 희생을 치러야만 했지요.

RNA 바이러스가 위험한 이유

그러나 최근 발생하고 있는 신종 감염병으로서 인수 공통 감염병들은 조금 다릅니다. 이들은 새삼스레 가축들에게서 온 질병이라고 하기가 어려워요. 일반적으로는 우리가 신종 감염병이라고 부르는 것들은 최근 20년 이내 등장한 질병이며, 이들 중 약 60퍼센트가 인수 공통 감염병인데 그중에서도 72퍼센트가량은 야생동물에서 유래했다고 알려져 있거든요. 수의학적으로 주요 질병들이 어느 정도 파악된 가축들이 아닌 생소한 야생동물에게서 사람에게로 질병이 옮겨 왔다는 점 때문에 낯설고 예측이 어려우며 예방 또한 쉽지 않지요.

이처럼 야생동물에서 유래한 신종 감염병들로는 사스(SARS, 중증급성호흡기증후군), 코로나19나 고병원성 조류인플루엔자처럼 세계적으로 잘 알려진 것들도 있지만, 그 밖에도 황열, 라임병, 에볼라바이러스, 니파바이러스 등 전 세계 곳곳에서 가축의 건강과 공중보건을 위협하는, 아직 국내에서는 다소 낯선 질병들 또한 무수히 많습니다.

다양한 야생동물 유래 신종 감염병 중 우리에게 가장 익숙한 것 하나는 아마도 여전히 겨울마다 뉴스에서 언급되는 고병원성 조류인플루엔자일 거예요. 고병원성 조류인플루엔자는 이미 어느 정도 알려졌다시피 새들이 걸리는 '감기'와 같은 바이러스 감염병입니다. 많은 새가 인플루엔자바이러스를 가지고 있지만, 이 바이러스들은 새에게 그리 치명적인 병을 일으키지는 않아요. 이 바이러스들은 언제인지도 알기 어려울 정도로 오래전부터 새들과 함께 살며 '공진화'해 온 존재들이에요.

또한 조류인플루엔자 바이러스가 모든 새에게 많이 감염되어 있는 것도 아닙니다. 주로 오리류, 기러기류 같은 물새들, 그중에서도 대륙에서 대륙으로 장거리를 이동하는 철새류에서 많이 보고되고 있지요. 한국에서는 청둥오리, 가창오리, 흰뺨검둥오리 등에서 감염이 많이 나타납니다.

고병원성 조류인플루엔자, 그중에서도 가장 유명한 H5N1형은 사람에게 감염을 일으키면 약 60퍼센트의 치사율을 나타낸다고 해요. 현재 전 세계를 공포로 몰아넣고 있는 코로나19의 치사율이 1~2퍼센트라고 알려진 것과 견주어 얼마나 높은 치사율인지 짐작해 볼 수 있습니다.

한 가지 짚고 넘어갈 것은 조류인플루엔자 바이러스가 RNA 바이러스에 속한다는 점이에요. 지구상에 존재하는 모든 생명체들은 저마다 유전정보에 핵산이라는 세포 내 분자 구조물이 저장되어 있어요. 이때 핵산은 DNA와 RNA의 두 가지 형태로 존재하는데, 바이러스들 중에는 유전정보가 DNA에 저장되어 있는 바이러스와 RNA에 저장되어 있는 바이러스가 모두 존재합니다. RNA 바이러스의 예로는 우리가 흔히 걸리는 감기를 일으키는 인플루엔자바이러스, 메르스바이러스, COVID-19를 일으킨 코로나바이러스가 속하지요.

RNA 바이러스들은 태생적으로 DNA 바이러스보다 유전적 돌연변이가 많이 발생하고, 따라서 환경의 변화에 맞춰 더욱 빠르게 진화할 수 있는 능력을 갖추고 있습니다. SARS, 메르스, 코로나19 등이 속한 코로나바이러스 또한 RNA 바이러스예요. 당분간은 변이 능력이 높은 RNA 바이러스, 특히 호흡기로 전파가 쉽게 일어나는 병원체에 의한 신종 감염병이 발생할 가능성이 높아 보입니다.

신종 감염병의 등장이 잦아지고 있다

그러나 그렇지 않은 경우에도 상황만 갖추어진다면 신종 감염병이 될 수 있어요. 한 가지 예가 에볼라바이러스입니다. 에볼라바이러스는 한국과는 먼 서아프리카 등지에서 발생해 온 질병이지만, 높은 치사율 때문에 영화 등에 자주 등장하며 한국에서도 익숙해진 질병 병원체지요. 에볼라바이러스의 치사율은 평균 50퍼센트 이상이며, 높게는 90퍼센트까지 보고된 예도 있어요. 에볼라바이러스는 코로나19나 SARS 등과는 달리, 감염된 개체의 혈액 또는 체액에 직접 닿아야 감염이 일어나요.

에볼라바이러스병은 1976년 아프리카 남수단과 콩고민주공화국에서 처음 보고된 출혈열성 질병이에요. 사람만큼이나 고릴라에게서도 높은 치사율을 보여서 그러잖아도 야생에서 몇 마리 남지 않은 고릴라들의 생존을 위협하는 질병이기도 합니다. 서아프리카 국가들에서 에볼라바이러스 감염은 공포의 대상으로, 2014년부터 2016년까지 3년간 무려 2만 8,000명이 넘는 사람이 감염되었으며, 그 감염자들 가운데 1만 1,000명 넘게 사망했어요.

이 밖에도 과일박쥐들이 서식하는 호주나 동남아 국가들에서 발생하고 있는 헨드라바이러스와 니파바이러스, 기후변화와 진드기가 맞물려 감염 지역이 계속 넓어지고 있는 진드기 매개병, 남아메리카 등의 열대기후 국가에서 영장류들과 사람 모두를 위협하고 있는 황열병 등과 같이 코로나19가 등장하기 전부터 많은 나라가 야생동물에서 유래한 질병들과 끝이 보이지 않는 싸움을 하고 있었습니다.

그러나 많은 사람이 우려하는 이유는 단지 지금까지 알려진 많은 야생동물 유래 신종 감염병들이 사람에게 치명적인 질병을 일으키기 때문만은 아니에요. 그보다 더 무서운 것은 바로 야생동물 유래 신종 감염병들이 등장하는 빈도가 잦아지고 있다는 점입니다. 이러한 추세대로라면 어떤 시점에서는 코로나19와 같은 질병을 동시에 두 개, 세 개씩 겪어야 할지도 모르는, 상상하기조차 끔찍한 상황이 닥칠 수도 있어요. 안타깝게도 이러한 전망은 불가능하지 않습니다. 야생동물 유래 질병들이 사람에게로 오는 경로는 너무나 다양하고, 우리가 만들어 놓은 이러한 경로들이 하루아침에 사라지지는 않을 것이기 때문이지요.

야생동물의 질병이 이동하는 길,
누가 만들었을까?

신종 감염병을 유발하는 인간의 활동

야생동물 '유래' 병원체라는 표현에서 분명 이 병원체들이 본래 야생동물들이 가지고 있던 것이라는 사실을 알 수 있어요. 어느 날 갑자기 야생동물들이 자신들이 갖고 있던 미생물, 기생충을 사람에게 감염시켜야지 하고 우리에게 접근한 것이 아닌 이상, 무언가가 야생동물에게 있던 미생물이 사람에게 올 수 있는 길을 터 주었거나, 다리를 놓아 주었다고 유추해 볼 수 있습니다. 하지만 생각해 보세요. 미생물은 스스로 장거리를 이동할 수 있는 존재가 아닙니다.

야생동물들이 자발적으로 우리에게 접촉해 감염을 일으킨 것이 아니라면, 또 다른 가능성은 하나뿐이에요. 바로 인간이 야생동물들에게 '너무' 가까이 다가갔을 가능성이지요. 대부분 도시에 사는 사람들에게 이러한 가능성은 허무맹랑하게 들릴 수 있습니다. '동물원에나 가야 볼 수 있는 야생동물에게 우리가 무슨 접근을 했단 말인가?' 하고요.

하지만 우리가 기억해야 할 것은 현재 인간 사회는 거의 전 세계가 연결되어 있다는 점이에요. 코로나19를 겪으면서 새삼 느꼈듯이, 코로나19가 강타하기 전의 세상은 날마다 끊임없이 사람, 동물, 물건이 이동하는 연결된 길이었습니다. 따라서 이 지구 위에서 어떤 이가 야생동물과 교류하는 방식은 언젠가 지구 반대편에 있는 누군가에게 야생동물 유래 질병 감염이라는 형태로 영향을 끼칠 수 있어요. 지금 코로나19가 그런 것처럼요.

현재 학계에서는 인간의 활동 중 몇 가지를 야생동물 유래 신종 감염병을 유발하는 위험 요인으로 제시하고 있는데, 그중에서도 자연 서식지 파괴와 야생동물 거래라는 두 가지 경로를 조금 더 자세히 들여다보려고 합니다.

서식지를 파괴하는 인간, 살 곳을 찾아 이동하는 동물

첫 번째 위험 요인은 자연 서식지 파괴예요. 자연 서식지 파괴가 야생동물 유래 신종 감염병을 일으킨 사례는 많은데, 앞에서 설명한 에볼라바이러스 또한 그중 하나입니다. 에볼라바이러스의 자연 숙주는 여전히 알려지지 않았지만, 서아프리카 지역에 서식하는 과일박쥐들을 가장 유력한 숙주 동물로 보고 있어요. 고릴라, 침팬지와 영장류가 아닌 원숭잇과 동물들은 사람과 마찬가지로 에볼라바이러스에 감염되면 높은 치명률을 보이므로 이들은 자연 숙주가 아닌 것으로 생각됩니다.

과일박쥐, 또는 열대우림에 사는 숙주 동물의 체내에서 조용히 지내던 에볼라바이러스를 다양한 동물들에게로 이끌어 준 주요 원인은 아마도 산림 벌채에 따른 자연 서식지 파괴라고 짐작할 수 있어요. 산림 벌채로 열대우림 서식지가 사라지면서 그곳에 살던 박쥐들은 어쩔 수 없이 새로운 곳을 찾아 활발하게 이동하고, 때로는 숲이 사라지고 새로 들어선 환경에서 사람과 사는 곳이 겹치기도 합니다.

또는 사람에게 잡아먹히는 동물들과 사는 곳이 겹치는 것만으로도 충분해요. 서아프리카에는 야생동물을 잡아서 팔고 섭식하는 부시미트(bushmeat) 문화가 보편화되어 있는데, 여기에 원숭잇과 동물들도 포함되거든요. 실제로 에볼라바이러스에 처음으로 감염된 환자가 시장에서 훈제 영양, 원숭이 고기를 사 먹은 것으로 알려져 있습니다.

사람들은 야생동물들이 사는 서식지를 불태우거나 벌채하고 들어가 그 안에 사는 동물들을 포획해서 먹거나 팔기도 하지요. 또 숲이 사라지고 생겨난 땅에 농장이나 집을 짓고 들어가 살기도 합니다. 자연 서식지가 파괴되면 파괴될수록, 이러한 곳에 사람들이 접근하기가 더욱 쉬워지고, 직·간접적으로 이 지역에 살던 야생동물들과 사람들이 접촉할 기회는 더욱 빈번해집니다. 우리는 숲을 없애고, 그곳에 사는 동물들을 잡고, 그 땅을 이용함과 동시에 그곳에 존재하던 병원체들마저 우리 몸으로 들여오고 있는 거예요.

가끔은 중간에 가축이 끼어 매개체 역할을 하기도 합니다. 1999년 말레이시아에서 처음 발생한 니파바이러스가 바로 이러한 예인데, 이 바이러스는 영화 〈컨테이젼〉의 소재로 쓰이기도 했어요.

과일박쥐들이 살던 숲을 밀고 돼지 농장을 운영하던 지역에서 사람들이 하나둘 알 수 없는 질병에 걸리기 시작했어요. 한편, 살 곳을 잃은 박쥐들은 사람들이 돼지 농장 주변에 심어 놓은 과실수에 의지하며 농장 주변에서 서식하게 되었지요. 그 과정에서 박쥐의 분비물이 묻은 과일 찌꺼기에 돼지들이 노출되었습니다. 돼지한테는 해당 바이러스 감염 증상이 미미하게 나타나지만 사람한테는 치사율이 40~75퍼센트 정도의 높은 비율로 나타나는 질병을 일으킨다고 알려져 있죠. 지금은 말레이시아뿐만이 아니라 인도, 싱가포르, 방글라데시 등지까지 그 분포가 확장된 상태예요.

이러한 사례들에서 배울 점은 분명합니다. 자연 서식지는 야생동물들뿐만 아니라 야생동물의 몸속에 있는 미생물들의 서식지이기도 해요. 일반적으로 떠올리는 야생동물 한 개체의 신체에만도 아직 우리가 알지 못하는 수많은 미생물이 살아가고 있습니다. 야생 서식지를 파괴하고 그곳에 들어가는 순간 우리 자신을 이러한 미지의 미생물들에게 노출하는 꼴이 됩니다.

다른 나라에 서식하는 야생동물을 직접 만난 적이 없다고 해서 그 동물이 원인이 되는 질병에 노출되지 않을 거라고 안심할 수는 없어요. 우리는 이러한 미지의 미생물에 노출된 사람이 마음만 먹으면 12시간 내에 지구 반대편 국가까지 올 수 있을 정도로 촘촘하게 연결된 세상에서 살아가고 있으니까요.

야생동물을 사고팔고, 감금하고, 사육해도 될까?

두 번째는 야생동물 거래입니다. 여기서 거래는 국가 간의 거래와 국내에서의 거래 모두를 포함합니다. 야생동물을 거래하는 이유는 무엇일까요? 사치품으로서 신체 일부를 거래하거나, 몸에 좋다는 이유로 먹기 위해 고기로, 또는 산 채로 거래하거나, 개인 사육을 위해 거래하는 경우가 있을 거예요. 그중에서도 한국은 야생동물을 섭식하는 경우가 드문 편이라 '개인 사육'과 '오락 전시', 이 두 가지 요인이 야생동물 거래의 수요의 대부분을 차지하고 있다고 파악됩니다.

이처럼 개인이 야생동물을 감금하고 사육하는 행위는 야생동물 개체에게 잔인하고 반생태적인 것은 물론이고, 다방면에서 공중 보건에 위협이 될 가능성이 큽니다. 상식 수준에서 생각해 봐도 모든 야생동물은 어떤 시점에서는 말 그대로 '야생'에서 잡혀 옵니다. 현재 개인들이 번식시키고 있는 동물들 또는 그 동물들을 번식한 개체들도 최근 어느 시점에 야생에서 잡혀 온 것이지요. 단순히 개인들이 몇 차례 번식시켰다고 해서 이 동물들이 '가축'이 되는 것은 결코 아니에요. 해당 동물들은 야생동물의 습성을 고스란히 가지고 있으며, 무엇보다 이 개체들의 몸속에 있는 미생물들이 인간에게 노출될 기회는 역사적으로 봤을 때 매우 적거나 거의 없었을 확률이 높습니다.

우리는 가축이 아닌 야생동물의 몸에 어떠한 미생물들이 있는지 아직 다 알지 못해요. 다시 말해 인간이 이러한 동물들과 접촉 빈도를 높여 갈수록 우리가 알지 못하는, 예측할 수 없는 야생동물 유래 인수 공통 감염병이 발생할 기회는 점점 더 많아진다는 거예요.

거기에 더해 야생동물의 보편적인 습성 중 하나는 바로 다른 개체들, 특히 다른 종의 개체들과 일정한 거리를 유지하려는 것이에요. 더 정확히 말하면 모든 야생동물은 서로 물리적으로 마주치는 것을 가능한 한 피하려는 본능이 있습니다. 물론 간혹 어렸을 때부터 사람의 손에 키워진 몇몇 종에서는 이러한 자연 습성이 어느 정도 약화된 것처럼 보일 수 있어요.

그러나 앞에서 말했듯이 단순히 이것만을 보고 해당 동물들이 '가축화'되었다고 볼 수는 없으며, 개처럼 사람을 좋아하고 따르는 존재가 됐다고 보는 것은 더더욱 불가능합니다. 이들의 행동을 예측하기에는 우리가 가지고 있는 데이터가 충분하지 않고, 이러한 야생동물이 인간의 손에 감금 사육됐을 때 어떤 위험한 행동을 나타낼지, 그에 대한 연구는 거의 이루어지지 않았다고 보는 편이 더 정확할 거예요.

분명한 것은 자신들의 습성이 철저히 무시된 인공적이고 비좁은 사육 환경에 있는 야생동물은 다른 개체와의 거리를 유지할 수 없는 것은 물론이고, 먹이, 행동반경, 환경요인의 재질 등 그들이 적응 진화한 자연환경과 너무나 다른 환경에서 지속적으로 스트레스에 노출된 채로 살아가게 된다는 것이지요. 야생동물은 스트레스를 느끼면 사람과 마찬가지로 몸의 면역력이 떨어집니다. 쉽게 말해 '없던 병도 생기는' 신체 상황이 된다고 볼 수 있지요. 건강한 상태라면 체내에서 관리할 미생물들을 몸 밖으로 더 많이 내보내기도 하고, 체내에서 미생물들의 증식을 조절하지 못해 그 양이 급격히 늘어나기도 해요.

야생의 개체를 개인이 소유하거나, 편리하게 도심 한복판에서 '구경'하고 만져 보고 싶다는 단순한 욕망을 충족하고자 그들이 적응 진화한 자연 서식지에서 납치 또는 감금하는 과정을 거친 결과는 결코 인간에게도 호의적이지 않아요.

그동안에는 야생동물을 도살해서 먹는 행위, 즉 동물들의 혈액, 체액 등에 더 직접적으로 노출되는 경우들이 야생동물 유래 신종 감염병 발생의 경로였습니다. 그러나 개인이 야생동물을 가까이에서 키우고, 만지고, 접촉하는 모든 행위 또한 단지 시간문제일 뿐, 다음에 나타날 야생동물 유래 신종 감염병이 발생하는 경로가 될 가능성은 너무나도 큽니다.

빈 공간의 가치

'거리두기', 병원체 공유를 막는 방법

우리는 코로나19를 겪으며 생소하던 많은 것들에 친숙해졌는데, 그중 하나가 바로 '거리두기'예요. 앞에서 대부분의 동물이 개체 간의 거리를 중요시한다고 이야기했지만, 종에 따라서는 상대적으로 여러 마리가 같이 살도록 진화한 동물들도 있습니다. 여기에는 인간도 포함되며, 동물 다큐멘터리에 종종 나오는 펭귄들, 오리와 같은 물새들, 동굴 속에서 무리 지어 사는 박쥐들, 가족 단위로 사는 영장류들도 해당합니다.

야생동물이 살아가며 이겨 내야 할 자연 속 장애물은 다양해요. 여러 마리가 모여 사는 쪽이 종합적으로는 생존과 번식에 더 유리해져서 그렇게 진화하게 된 것이겠지만, 여전히 여러 개체가 모여 함께 살아가는 것은 감염병이라는 요인에 대해서는 장점보다 단점이 많을 수밖에 없어요. 개체나 개인 사이의 물리적인 거리가 좁을수록, 공유하는 지리적 공간이 많을수록 서로 가지고 있는 병원체 또한 공유할 가능성이 커지기 때문이지요.

양팔 벌려 좌우로 나란히

물리적인 거리는 감염병 전파 측면에서는 멀수록 좋아요. 신체의 접촉 또한 없을수록 미생물이 넘어올 가능성이 작아지겠지요. 우리는 이 단순한 명제를 잊지 말아야 합니다. 이제라도 사람과 사람뿐 아니라 다른 동물들과의 거리에도 이를 폭넓게 적용해야 해요. 인간 스스로 야생동물들이 사는 곳을 파괴하고 자기 발로 걸어 들어가는 행위, 그리고 야생에 사는 동물들을 잡아 와 도심과 그곳에 사는 사람들과 접촉할 기회를 제공하는 행위, 야생동물이 가지고 있는 미생물이 인간에게 건너올 수 있는 다리를 만들어 주는 행위를 근본적으로 줄여 나가야 합니다.

물론 정치적으로나 행정적으로나 하루아침에 변하기 힘든 부분들도 있을 거예요. 예를 들어 열대우림에서 농장을 운영하는 것처럼요. 그러나 평범한 개인들의 의식 전환만으로 변화를 일으킬 수 있는 영역도 있습니다. 야생동물을 키우고, 만지고, 도심에서 쉽게 마주하고 싶다는 마음을 버리는 것, 이것이 한 예가 될 수 있을 거예요.

5~6년 전 동물원의 교육 방법을 벤치마킹하기 위해 독일 전역의 유명 동물원 여덟 곳을 방문했던 적이 있습니다. 저에게 문화 충격을 안겨 주었던 점은, 8개 동물원 모두에서 방문객이 자유롭게 다가가고 만질 수 있는 동물은 염소가 유일했다는 사실이에요. 몸집이 큰 동물들은 동물과 인간 서로에게 위험할 수 있다는 이유로, 작은 동물들은 사람의 무분별한 접근이 동물에게 스트레스가 될 수 있다는 이유로 야생동물은 물론이고 가축까지도 함부로 만질 수 없도록 우리에서 사육하고 있었습니다.

야생동물을 만지지 못하는 것에 방문객들이 불만을 느끼지 않느냐는 저의 질문을, 동물원을 소개하던 큐레이터들은 하나같이 잘 이해하지 못했습니다. 제 질문의 요지를 마침내 이해한 그들의 답은 대략 이러했지요. "독일에서는 그 누구도 야생동물을 '만져도 되는 대상'으로 생각하지 않습니다. 텔레비전에서도 그런 내용이 나오지 않고, 교육기관에서도 이를 분명히 교육하고 있어서 동물원에서 그러한 욕구를 갖는 관람객은 당연히 없습니다."

한국에 사는 우리의 눈에는 시장에 야생동물을 가두어 두고서 도살해 먹는 중국 우한 시장의 모습이 충격적으로 보입니다. 이와 마찬가지로, 야생동물을 도심 오피스텔 같은 건물에 가두어 놓고 사람들이 모여 마음대로 끌어안고, 끊임없이 만지고, 그 옆에서 음식을 먹는 한국의 야생동물 체험 시설이나 카페가 독일 사람들의 눈에는 어떻게 보일지 궁금했습니다. 한국보다는 중국 우한에서 야생동물 유래 신종 감염병이 발생할 위험이 더 높을지는 몰라도, 같은 이치로 우리나라는 독일이나 기타 야생동물과 사람의 거리를 잘 지키는 나라들보다는 야생동물 유래 신종 인수 공통 감염병이 발생할 위험이 더 큰 상황이라고 볼 수 있겠지요.

따라서 두 번째, 세 번째 '코로나19'가 너무 빨리 나타나지 않도록 늦추려면 우리는 지구상 모든 야생동물과 가능한 한 멀리 '양팔 벌려 좌우로 나란히'를 해야만 합니다. 그리고 야생동물들이 자연의 습성을 발휘할 수 있는 환경에서 살도록 해 줘야 합니다.

신종 감염병 예방을 위한 '원 헬스'

'원 헬스(one health)'라는 개념은 일반적으로 증가하는 신종 인수 공통 감염병의 위기감과 함께 주요하게 등장했습니다. 사람에게 일어나는 새로운 질병을 이해하기 위해서는 사람뿐만이 아니라 사람과 직·간접적으로 연결되어 있는 가축, 환경, 야생동물과 관련된 요인들을 동시에 복합적으로 고려해야 하며, 다양한 분야의 전문가들이 통합적인 시각으로 접근해야 한다는 내용이 기본 바탕이라고 할 수 있어요.

이러한 원 헬스 개념을 연장해 야생동물과 관련된 신종 인수 공통 감염병의 등장을 멈추게 하려면 다음와 같은 자세를 가져야 합니다. 즉 야생동물이 야생동물로서 안녕하게 살 수 있게 함으로써 인간도 가축도 아프지 않고 건강하게 살아가는 세상을 만드는 것이지요. 단순히 통합적인 연구나 대책을 마련하는 데에서 그치는 것이 아니라 바로 이러한 기본 개념의 중요성을 깨닫는 것이 신종 감염병을 예방하는 '원 헬스' 개념의 진정한 실현일 것입니다.

3

호모사피엔스도
개를 귀여워했습니다

인터넷과 SNS에는 귀여운 고양이와 강아지 사진이 넘쳐 납니다. 재밌는 동물 동영상에는 감탄의 댓글이 수없이 달리고요. 졸린 눈이 스르르 감기며 잠드는 새끼 동물의 모습은 보는 것만으로도 마음이 절로 따뜻해지지요. 이 책을 읽고 있는 여러분 중에도 품에 안겨 잠드는 동물을 보며 '정말 사랑스럽다'라고 생각하는 사람이 있겠지요?

우리가 이렇게 동물들과 주고받는 위로와 애정은 '애완동물'이라는 단어로는 충분히 드러나지 않습니다. 최근에는 애완동물이라는 표현 대신 '반려동물'이라고 부르고, 동물을 키우는 사람은 '반려인' 또는 '보호자'라고 하는 사람들이 점점 더 늘어나는 추세예요. 장난감처럼 좋아하고 가까이 두는 존재가 아니라, 정서적으로 교감하고 서로 의지하는 존재라는 의미를 부여한 것이지요.

하지만 이런 문화가 너무 호들갑스럽게 느껴지고, 마땅치 않은 사람들도 있습니다. 그러고 보니 우리에게 아주 오래된 문화는 아닌 듯하네요. 그렇다면 인간은 언제부터 동물을 우리와 함께하는 존재로 인식하고, 곁을 주고, 먹을 것을 주며 돌보기 시작했을까요?

개를 키운다는 건 호모사피엔스의 생존 전략

인간과 늑대, 동거를 시작하다

인간이 가장 먼저 인간 사회에 받아들인 동물은 무엇일까요? 인간은 정착해서 농경을 시작하기 전, 사냥과 채집으로 살아가던 시기에 이미 개를 길렀다고 합니다. 최근 과학자들은 기원전 3만 3000년 무렵에 야생의 늑대와는 다른, 가축으로 길들인 개가 존재했다는 것을 밝혀냈어요. 흔히 인간이 동물을 길들인 이유를 동물의 쓸모 때문이었다고 생각합니다. 그렇다면 인간 무리의 우두머리가 늑대 무리의 우두머리와 사냥 업무에 대한 협약을 맺고 "이제부터 우리 함께 사냥에 힘써 봅시다"라고 약속했을까요? 이들의 만남은 언제, 어떻게 시작됐을까요?

초기 인류의 한 집단을 상상해 봅시다. 지금보다는 더 가까이에서 주변의 모든 생물을 관찰할 기회가 많았겠네요. 인간은 주변의 생물을 주의 깊게 관찰하면서 동물에게도 영혼이 있어서 친구가 될 수 있겠다고 생각했을지 모릅니다. 아마도 시작은 우연에 기댔을 거예요. 아직은 사냥을 따라나서지 못하는 소년이었거나, 열매를 따던 할머니였을 수도 있지요. 아니면 사냥을 나갔다가 우연히 귀여운 어린 동물을 발견해 집에서 기다리고 있는 아이에게 가져다준 아버지였을 수도 있겠네요.

어쨌든 누군가가 아직은 돌봄이 필요한 어린 새끼 늑대를 '주워' 온 것입니다. 녀석은 엄마 늑대를 잃었거나 무리에서 떨어져 나왔을 수도 있어요. 누군가 어린 늑대를 데려와서 어미처럼 먹이를 주고 돌보며 키웠고, 그 늑대는 차츰 사람들과 친해졌을 것입니다. 시간이 흘러 다 큰 늑대는 인간의 무리 안에 자연스럽게 남게 되었겠지요. 이렇게 인간과 늑대의 동거가 시작되면서 자신을 인간 무리의 구성원으로 생각한 늑대는 당연하게 사냥이나 이동에 동참했을 수도 있습니다.

동물과의 이런 관계 맺음은 인간의 자연스러운 본능에서 우러나온 행위였을 것입니다. 그렇다면 꼭 한 집단에서만 일어났을 리도 없지요. 물론 당시 개와 인간의 관계가 지금의 반려동물인 개와 인간의 관계와 똑같지는 않았습니다. 개도, 사람도, 이들이 처한 상황도 지금과는 크게 달랐으니까요.

헤이, 파트너! 사냥을 시작해 볼까?

늑대의 가축화가 이루어지던 기원전 3만 5000년 무렵은 네안데르탈인이 거의 쇠락하고 호모사피엔스 종이 세력을 떨치기 시작한 시기예요. 가능성이 작긴 하지만 네안데르탈인 역시 늑대를 길들여 키웠을 수도 있어요. 하지만 개와 더욱 깊은 유대를 이루고 사냥이라는 인간 무리의 일에 개를 끼워 넣을 수 있는 능력은 호모사피엔스가 더 강했던 것으로 보입니다.

현생인류(현재 생존하고 있는 인류와 같은 종에 속하는 인류)는 네안데르탈인보다 더 먼 거리에서 사용할 수 있는 사냥 도구를 지녔었죠. 그래서 인간보다 먼저 달려가서 사냥감을 탐지하거나 도망가지 못하게 몰 수 있는 개는 현생인류에게 매우 유용했어요.

한편 개는 인간과 함께 움직임으로써 직접 사냥감을 공격하는 데 들이는 노력을 아끼고도 먹이를 충분히 얻을 수 있었지요. 현생인류는 좀 떨어진 곳에 숨어 있다가 개가 찾거나 몰아다 준 사냥감을 공격해서 잡으면 되니 육체적인 수고와 위험을 줄일 수 있었고요. 또 매머드처럼 덩치 큰 동물들도 사냥하거나 몰아낼 수 있게 되었지요. 이렇게 개와 인간의 연대는 호모사피엔스가 성공적으로 삶의 영역을 더욱 넓혀 나갈 수 있게 해 주었습니다.

인류 역사의 초기에 시작된 사냥꾼과 사냥개 사이의 연대와 유대는 인간의 역사에서 오랫동안 지속되었고 존중받았습니다. 중세까지 유럽에서 진료 대상이 되었던 동물들은 주로 말이나 소, 양같이 노동이나 식용으로 쓰이는 동물이었습니다. 개나 고양이 같은 작은 동물들은 돌봄의 대상이 되지 못하는 경우가 더 많았지요. 그런데 사냥개는 달랐습니다. 사냥에 몰두했던 귀족들이나 사냥을 업으로 하는 사냥꾼들은 사냥개를 먹이고 돌보고 병을 치료하는 데 노력을 아끼지 않았으니까요.

진화학자들은 초기 현생인류가 빙하기를 견뎌 낼 수 있었던 힘은 사회성과 공감, 다른 이들을 보살피는 능력이라고 말하기도 합니다. 아마도 이러한 능력이 인간 사이에서뿐 아니라 다른 종, 그러니까 인간이 아닌 동물들과의 관계에서도 알맞게 쓰였던 모양이에요.

물론, 종이 다른 존재와 소통하고 관계를 맺는 것이 인간만의 능력은 아니에요. 예를 들어, 2018년 세상을 떠난 고릴라 코코(Koko)는 수화로 인간의 언어 체계를 배웠던 동물로 유명합니다. 코코는 올 볼(All Ball)이라는 버려진 새끼 고양이를 선택해서 돌보고 키웠어요. 그러던 어느 날 코코의 곁에서 도망 나간 고양이가 죽는 사고가 발생했고, 코코는 매우 슬프다는 사인을 보냈죠. 이후 코코는 비슷한 고양이 두 마리를 선택해서 돌보았다고 해요. 믿기 어렵겠지만, 어렸을 때부터 쥐와 함께 자란 고양이는 쥐에게도 애착을 보인다고 합니다. 하지만 '길들임, 가축화'라는 인간과 동물의 관계는 모든 문화권에서 보편적으로 지속해 온 특별한 관계임에는 틀림이 없습니다.

지금까지도 유효한 인간의 생존 전략

현대사회에서도 이런 원초적인 관계의 힘이 또 다른 모습으로 드러납니다. 인간 사회에서 반려동물을 키우는 문화는 여전히 인간의 생존과 발전을 도와주고 있어요. 반려동물을 키우는 행위는 사람들을 행복하고 건강하게 만들어 주거든요.

1980년에 이미 미국의 프리드먼 박사 연구 팀은 심각한 심장 발작을 일으킨 환자 중 반려동물을 키우는 사람들의 1년 이상 생존율이 키우지 않는 사람들보다 20퍼센트 이상 높다는 연구 결과를 내놓았어요. 또 1992년 호주의 베이커 심장·당뇨병연구소 앤더슨 박사 팀은 5,000여 명을 대상으로 한 조사에서 반려동물을 키우는 사람들이 심장마비에 걸릴 위험이 적다는 사실을 밝혀냈습니다. 조사에 참가한 사람들은 통계상 유의미하게 수축기 혈압과 혈장 내 중성지방 농도가 낮았어요.

그 밖에도 호주 멜버른대학교의 브루스 헤디 교수 연구 팀은 반려동물이 건강에 끼치는 영향으로 한 해 동안 9억 8,800만 달러(약

1조 1,210억 원)의 의료 비용을 절감할 수 있다고 보고했습니다. 2017년 영국의 링컨대학교 연구 팀은 반려동물을 키움으로써 해마다 20억 파운드(약 3조 1,048억 원) 이상의 보건 비용이 절약된다고 추정했고요. 같은 해 미국과 유럽의 의학, 수의학, 영양학 학자들이 참여한 연구 팀은 개를 산책시키느라 개 보호자들의 비만도가 개를 키우지 않는 사람들보다 5퍼센트 정도 더 낮은데, 이는 4억 달러(약 4,500억 원) 이상의 사회적 비용을 절약해 준다는 결과를 보여 주었습니다.

2018년 홍콩이공대학교의 간호학자들은 반려동물에게 애착이 높은 홍콩인들이 일상에서 스트레스를 더 적게 느낀다는 연구 결과를 보고했어요. 심리학자들은 반려동물이 불안감을 해소하고 안정감을 주며 외로움을 달래 주므로 정신 질환이 있는 사람들의 치료에 도움이 될 수 있다는 점에 주목하고 있어요. 특히 자폐증이나 난독증 또는 행동 장애가 있는 어린이의 정서 안정에 반려동물과의 상호작용이 도움이 된다는 연구 결과는 지속적으로 발표되고 있지요.

또한 1980년대에 이미 반려동물이 인간에게 끼치는 영향을 꾸준히 연구해 온 미국 켄터키대학교의 토머스 개러티 교수 팀은 반려동물에게 애정이 깊은 노년층은 삶의 변화에 따른 스트레스나 우울증을 줄일 수 있다고 보고했습니다.

그런가 하면 2019년 미국과 영국의 심리학자를 비롯해 간호학자, 동물 영양학자로 구성된 연구 팀은 수조 속의 물고기를 바라보는 것만으로도 불안감이 줄고 긴장이 완화된다는 연구 결과를 발표했지요.

반려동물과 함께하는 삶은 인간에게 사회성과 책임감을 길러주고, 이렇게 강화된 특성은 인류의 진화에 긍정적인 영향을 끼칩니다. 반려동물은 '사회적 촉진자'의 역할을 합니다. 사람들이 만나는 과정에서 자기가 키우고 있는 개에 대해 이야기를 주고받으면서 좀 더 쉽게 대화의 물꼬를 틀 수 있다거나, 개를 키우는 사람들끼리 공유하는 친밀감이 친구를 사귀는 데 도움이 된다는 뜻이지요. 동물을 돌봄으로써 공감의 영역이 넓어지고 양육을 경험하면서 책임에 대해 생각할 수 있다는 점도 인간에게 이득이고요. 이런 이유로 반려동물 문화가 계속 유지되었다는 의견도 있어요.

그러나 인간은 반려동물을 인간 사회로 들이면서 위험도 함께 받아들였습니다. 인간과 가장 오래 함께한 동물인 개는 인간과 가장 많은 병원체를 공유하지요. 대표적인 질병이 광견병이에요. 19세기에 프랑스의 루이 파스퇴르가 광견병 치료법을 개발했지만, 세계보건기구(WHO, World Health Organization)는 지금도 전 세계에서 해마다 5만 9,000여 명이 이 병으로 사망한다고 추정하고 있습니다. 광견병은 개가 옮기는 경우가 99퍼센트이고, 적절히 치료하지 않으면 치사율이 100퍼센트에 이르는 무서운 질병이에요.

또한 해마다 약 4,700만 명이 개에게 물리는 것으로 추정되고 있어요. '개 물림 사고'는 대부분 7세 이하의 어린이나 노년층에 집중되어 일어납니다. 하지만 이런 위험도 우리가 개라는 동물을 멀리하게 만들지는 못했어요. 다만, 가끔 반려동물을 너무 인간처럼 생각한 나머지 이들의 동물적인 속성이나 위험을 잊게 되는 것이 문제입니다.

반려동물과 함께하려면 우리는 어떤 태도를 갖추어야 할까요? 가장 중요한 것은 '책임감 있는' 보호자가 되는 것입니다. 반려동물은 독립적인 사회의 일원으로서 목소리를 내거나 스스로를 보호할 수가 없기 때문이죠. 책임감의 시작은 대단한 일이 아니에요. 계절에 따라, 나이에 따라 필요한 예방주사를 맞히고, 산책할 때는 목줄을 하는 것 등입니다. 혹시라도 반려동물이 위험에 처하거나, 반대로 다른 사람을 위험하게 만드는 일을 막는 것, 여기서부터 시작해야 해요.

반려,
유별나고 특수한 문화적 징표

여기서는 신, 저기서는 마녀

동물과 인간의 반려 관계는 문화적이고 종교적인 영역에 속하기도 합니다. 역사가 헤로도토스는《역사》라는 기념비적인 책에 굵직한 역사적 사건이나 전쟁 이야기 말고도 지중해 지역의 다양한 국가와 민족의 풍습도 기록했어요. 이 책에는 고대 이집트인들이 고양이나 개를 얼마나 사랑하는지에 관한 이야기가 등장합니다.

이집트인들은 기르던 개나 고양이가 죽으면 "눈썹을 깎고 온몸의 털과 머리털을 밀어서" 슬픔과 애도를 표현할 정도로 동물을 아꼈다고 해요. 특히 고양이는, 물론 쥐를 잡는 중요한 역할이 있긴 하지만, 인간 사회에서 살면서 개만큼 쓸모 있는 노동을 제공하지 않음에도 오랜 시간 귀여움을 받았습니다. 집주인이 앉은 의자 밑에 누워서 쉬고 식탁에서 던져 주는 먹이를 받아먹으면서 말이에요.

이집트인들이 귀엽다는 이유만으로 개와 고양이를 의미 있는 동물로 여겼던 것은 아니에요. 개와 고양이는 반은 인간의 모습이고 반은 동물의 모습인 신으로 등장하기도 하거든요. 개는 미라 제작이나 의술을 관장하는 아누비스 신을 상징합니다. 아누비스 신은 갯과 포유류인 '자칼'의 머리를 하고 있지요. 고양이는 고대 이집트 신앙에서 중요한 역할을 했던 바스트(또는 바스테트) 여신을 상징하는 동물입니다. 고양이 머리 모습을 하고 있는 바스트 여신은 가정의 안녕과 건강을 지켜 주고 전쟁에서는 승리를 안겨 주는 신이어서, 이집트 전역에서 널리 숭배되었지요. 이러한 종교적인 의미가 인간 세상에서 개와 고양이를 더 특별하게 만들어 주었습니다.

그러나 모든 문화와 종교에서 개와 고양이가 존중을 받았던 것은 아니에요. 기독교를 바탕으로 하는 중세 유럽에서 고양이는 악마나 마녀를 상징하기도 했으니까요. 당시 사람들은 고양이를 함부로 잡아 죽였고, 때로는 공개적으로 '처형'을 하기도 했어요. 프랑스와 벨기에에서는 세례자 요한 축제일에 액운과 불행을 태워 버린다는 의미로 고양이를 자루 속에 가두어 산 채로 태운 일마저 있었습니다.

'나'를 드러내는 상징

한편 동물은 이들을 키우는 사람들이 자신을 드러내는 상징이 되기도 합니다. 중세 귀족들과 왕족들은 멋진 사냥매와 사냥개 그리고 말을 소유했는데, 그중 일부는 애완동물의 역할을 하기도 했어요. 이런 동물들은 다른 가축들과는 비교할 수도 없이 높은 지위를 가졌었지요.

그러나 귀족과 왕족이 애완동물을 옆에 두는 것은 '남자답지 못하고 약한 모습'이라는 시선도 있었습니다. 영국 왕 리처드 2세는 그레이하운드 종인 자신의 개를 너무 좋아해서 침대에 들이기도 했는데, 이는 왕답지 못한 행동으로 여겨졌어요. 프랑스 왕 앙리 3세 역시 몸집이 작은 개들을 좋아한 나머지 "남자답지 못하다"라는 비난을 받았습니다. 오늘날의 눈으로 바라보면 성별 고정관념에 사로잡힌 황당한 편견이지요.

또 중세 유럽의 성직자와 상류층 여성은 애완동물을 소유할 수 있었어요. 왕족들 사이에 선물로 동물을 주고받기도 했고요. 애완동물은 그 존재를 소유한 사람의 권력과 부와 사회적 지위를 나타내는 역할도 했습니다. 주로 작은 개와 고양이, 새 등이 중세에 인기 있는 애완동물이었는데, 이 동물들은 인간이 원하는 덕목을 상징했지요. 이를테면, 충성심, 헌신, 애정 같은 가치 말이에요. 특히 여성에게는 애정과 반려의 의미가 강했습니다. 이런 여성들이 기르는 애완동물은 언제나 주인과 일상생활을 함께했고, 마치 고귀한 주인 그 자체를 상징하는 듯한 대접을 받았다고 해요.

중세에 유교의 영향 아래 있던 조선의 선비들에게는 사냥이 적절하지 않은 취미였습니다. 그래도 많은 선비가 사냥매와 개를 키우는 데 관심을 가졌어요. 고려시대 후기에 문신 이조년이 지은 《응골방》은 매를 고르고 질병을 치료하는 지식을 담은 책입니다. 유교적인 편견에도 이조년은 자신이 키운 우수한 매와 매를 잘 돌보는 지식에 대해 은근한 자랑을 담았던 거예요.

현대사회에서도 반려동물의 보호자라는 정체성은 '나'를 드러내는 중요한 요소 중 하나입니다. 예를 들어 '고양이 집사'라는 표현은 고양이를 돌보고, 이해하고, 병원에 데려가고, 고양이가 원하는 것을 해 주는, '책임감 있고 노력하는 사람'이라는 나를 드러내지요. 다시 말해 내가 누군가에게 헌신적인 사람이라는 이미지를 나타냅니다. 그리고 더 나아가 자연과 소통하고, 동물에 관심 있는 다른 사람들과 연대한다는 상징성을 띠기도 하고요.

반면 자신이 얼마나 '남성성이 넘치고 위세가 대단한지' 과시하려고 일부러 사납고 공격적인 종의 개를 데리고 다니는 남자들도 있습니다. 이들이 키우는 개를 이른바 스테이터스 도그(status dog)라고 부르죠. 심지어 다른 이들을 공격하기 위해 '무기 개(weapon dog)'

를 키우기도 하고요. 이러한 개들은 개 물림 사고를 일으키는 경우가 많아서 사람에게나 다른 개들에게도 커다란 위협이 되곤 합니다.

시대와 문화마다 다른 반려동물의 의미

역사학자 키스 토머스는 딱히 기능적인 쓸모가 없는데도 인간과 감정적인 유대를 주고받는 지금과 같은 대중적인 '애완동물 문화'가 영국 사회에 생겨난 시기를 18세기 이후로 봅니다. 이때부터 반려동물들은 저마다 이름을 갖게 되었고, 집, 교회, 식당 같은 인간의 생활공간에 자유롭게 드나들 수 있었으며, 절대 잡아먹히지 않는 지위를 누리게 되었지요.

그러나 동물을 지금과 같은 의미의 '반려'로 키우는 것이 문화적인 현상으로 자리 잡은 오늘날에도 키우는 동물의 종, 동물을 키우는 방식과 동물에 대한 인식은 지역과 문화에 따라 차이가 매우 큽니다. 이처럼 우리가 반려동물을 선택하고 돌보고 키우는 방식에는 저마다의 문화적 배경이 있으며, 이에 관한 인식은 빠르게 변해 왔고 지금도 변하고 있습니다.

동물에게
인간과 함께 사는 일이란?

개와 고양이만 반려 능력이 있는 건 아니다

우리가 '반려동물'이라는 용어를 사용해 인간과 특별히 가까운 개와 고양이를 일컫기 시작한 것은 상당히 최근의 일이에요. '반려, 동반자, 친구'를 뜻하는 영어 단어 companion의 어원을 살펴보면 라틴어 cum(함께)과 panis(빵)가 합쳐진 말로, '빵을 나누어 먹는 사람'이라는 뜻입니다. 그러니까 함께 생활하고 일상을 나누는 이를 말하는 거죠. 우리말의 '식구'라는 표현과 비슷해요. 그렇다면 늑대를 길들인 이후 인간은 많은 동물과 '반려'해 온 셈입니다.

동서양을 막론하고 도시화와 산업화가 급격하게 진행되기 전까지 가축(家畜)은 말 그대로 인간과 같은 지붕 아래에 살았어요. 가축들은 고기나 우유나 달걀 같은 단백질 공급원이거나, 인간의 농사를 돕는 '쓸모 있는' 동물이었지요. 당시에는 가축을 대규모로 키우지 않아서 가능했던 일이기도 합니다. 소나 돼지, 양, 염소 그리고 닭을 풀밭이나 집 주변에 풀어놓았다가 해가 지면 집으로 데리고 왔어요. 기껏해야 칸막이를 쳐서 사람과 동물의 공간을 나누거나, 아니면 그마저도 없어서 동물이 집 안을 자유롭게 돌아다녔지요. 한국에서도 사람과 동물이 한 지붕 아래에서 지내는 형태로 이루어진 전통 서민 가옥을 쉽게 찾아볼 수 있습니다.

사람과 가깝게 살았기에 각각의 가축은 저마다 성격이 다르고 특성이 있는 개별적인 존재로 인식되기가 쉬웠어요. 그래서 반려동물과 비슷한 관계를 발전시키기도 했지요. 동물의 능력 측면에서 보더라도 반드시 개나 고양이, 몇몇 애완조류만 반려동물이 될 수 있는 것은 아니에요.

소나 돼지, 닭, 염소 같은 동물들도 사람과 강한 유대 관계를 맺고 이 관계를 유지해 나가기도 합니다. 예를 들어, 조류인 닭은 호기심이 많고, 사회성이 있으며, 감정을 드러내고, 닭의 무리뿐 아니라 다른 동물들과도 친밀감을 공유해요. 또한 돼지가 인지적인 지능이 높다는 것은 잘 알려진 사실이죠. 사실 대개의 가축은 사람의 얼굴을 구별할 수 있습니다. 결국 인간과 함께 살아온 많은 동물들이 '반려' 능력을 갖추고 있다는 말입니다.

'인간과 살기 좋도록 길들인다'는 것의 의미

가축으로 길들인 모든 동물은 인간이 좋아하는 능력을 갖추게 됩니다. 식용동물이 빨리 자라고, 빨리 살이 찌고, 새끼를 많이 낳는 형질을 갖게 되었듯이, 반려동물은 외형과 성격까지도 인간이 원하는 대로 '개량'되었지요.

개는 일반적으로 조상인 늑대보다 머리뼈의 모양이 짧고 둥글게 변했습니다. 뿐만 아니라 귀가 길거나, 꼬리가 짧거나, 다리가 짧거나, 허리가 길거나, 얼굴에 주름이 잡히거나, 크기가 극도로 크거나 작은 개들도 생겨났지요. 물론 이 모든 변화가 개에게도 좋은 것은 아니에요. 이러한 변화를 특징으로 하는 품종견을 유지하기 위해 작은 무리 안에서 근친교배를 되풀이하다 보니 유전적 결함도 생기고 고치기 어려운 고질병을 얻기도 합니다.

늑대에서 갈라져 나온 개는 이런 외형적 특성 말고도 늑대와는 다른 능력이나 성격의 특성도 가지게 되었어요. 품종에 따라 다르지만, 개는 늑대보다 후각이나 시각 능력이 좀 떨어지는 대신 사람의 감정을 좀 더 잘 이해하고 자기가 원하는 것을 사람에게 이해시킬 수 있는 능력을 얻었지요.

사실 사람에게 적응해서 가축화되는 데에는 생각보다 그렇게 오랜 세월이 걸리지는 않습니다. 1950년대부터 러시아의 동물학

자들은 야생의 여우를 애완동물로 만드는 실험에 들어갔어요. 사람에게 친화력이 강한 개체들을 교배해서 새끼를 낳게 하고, 그중에서도 친화력이 있는 개체들을 다시 선택해 교배했지요. 이런 방식으로 20대쯤 이어 가자 마침내 새로 태어나는 새끼들의 35퍼센트는 매우 인간 친화적인, '가축화된 여우'가 되었습니다. 흥미롭게도 2020년에 스웨덴의 생물학자들은 닭에서도 이와 비슷한 결과를 발견했어요. 사람을 꺼리지 않는 야생 닭을 골라 세대를 거듭해서 키웠더니 약 10대 만에 사람을 두려워하지 않고 사람과 사는 환경에 스트레스를 덜 받는 닭들이 많아졌다고 합니다.

가축화란 결국 인간과 얼마나 잘 어울려 살 수 있는가에 대한 일종의 시험 과정인 셈이에요. 그 결과 다른 어떤 동물보다도 인간을 잘 이해하고 인간에게 가까운 동물이 생겨나는 거죠. '반려'라는 단어는 특정 동물에게 인간과 비슷한 지위나 특권을 부여하는 말이 아니에요. 오히려 오랜 세월에 걸쳐 인간과 동물이 만들어 온 모든 관계가 지닌 속성을 설명하는 단어일 수 있습니다.

행복한 반려동물에 가려진 것

농림축산식품부의 '2019 동물 보호에 대한 국민의식조사' 결과에 따르면, 전국적으로 598만 마리의 반려견이 있다고 추정됩니다. 2012년의 조사 결과보다 159만 마리가 늘어서 약 36퍼센트의 증가세를 보였어요. 또한 동물 등록제(반려의 목적으로 기르는 2개월령 이상의 개와 고양이를 지방자치단체에 등록하도록 의무화한 제도)에 따라 지방자치단체에 등록된 개는 약 209만 2,000마리로, 세 마리당 한 마리만 등록되어 있는 셈이에요. 이를 바꾸어 말하면, 세 마리 중 두 마리는 어떤 공식적인 정보도 없다는 뜻이죠.

같은 기간에 반려묘의 수는 두 배가 늘어서 258만 마리에 이릅니다. 이처럼 반려견과 반려묘를 비롯해 열대어, 햄스터 등 반려동물을 기르고 있는 가구는 전국적으로 591만 가구에 달해 네 집에 한 집꼴로 반려동물을 키우는 것으로 나타났어요.

반려동물을 키우는 것은 특별한 경험입니다. 인간이 아닌 다른 종의 존재들과 유대감을 가지고 소통한다는 점에서 신비로운 일이기도 하지요. 그런데 우리가 특별하게 생각하는 만큼 실제로 반려동물들이 소중하게 다뤄지고 있는지는 의문입니다. 여전히 반려동물을 자신의 사회적 지위나 취향을 보여 주기 위한 수단으로, 건강을 위한 도구로, 사회적 활동의 촉진자로만 '활용'하고 있는 것은 아닌지 걱정스럽습니다. 귀여운 이미지와 함께 쓰이곤 하는 "나만 고양이가 없어"라는 인터넷 유행어도 '유대'보다는 '소유'라는 의식을 은연중에 강화하죠. 그러나 반려동물을 기르는 문제는 그리 간단하지가 않습니다.

개를 키우려면 어렸을 때는 배변 훈련을 해야 하고, 또 성장 속도에 맞추어 알맞은 시간 동안 꾸준히 산책도 시켜 줘야 합니다. 흔히 고양이는 독립적인 성격이라고 말하지만 사실은 더 세심하게 놀이를 해 줘야 하고요. 반려동물을 키우는 것은 많은 시간과 노력을 들여야 하는 일입니다. 또 개와 고양이가 늘 어린 시절의 귀엽고 사랑스러운 모습 그대로인 것도 아니고 언제나 건강하기만 한 것도 아니에요. 반려동물들도 사람과 마찬가지로 늙어 가고, 때로는 아프기도 합니다. 심지어 짖거나 무는 행동 등으로 다른 사람들에게 불편과 피해를 끼칠 수도 있어요.

저는 네 마리의 고양이와 함께 삽니다. 이제는 노령묘가 된 첫째, 날마다 정해진 시간에 간질약을 먹여야 하는 둘째, 터널에서 구조해서 여전히 겁이 너무 많은 셋째, 그리고 남은 이가 네 개뿐이고 다리도 저는 상태로 구조된 막내. 저마다 살아온 경험도 다르고 성격도 달라서 애틋하기도 하지만, 한 녀석, 한 녀석 식구가 될 때마다 다른 녀석들과 적응하는 걸 지켜보느라 잠 못 이룬 밤이 얼마나 많았는지 몰라요. 어린 고양이 시절 온 집 안을 뛰어다니며 물건을 망가뜨린 것은 열린 현관문 사이로 번개같이 도망 나가서 맨발로 잡으러 뛰어다녔던 일에 비하면 애교에 가깝지요. 고양이들과 함께하면서 즐거운 시간도 있고 어려운 시간도 있지만, 분명한 사실은 이들과 함께하는 시간 동안은 '반려인' 또는 '보호자'라고 불리는 사람으로서 노력과 책임을 다해야 한다는 것입니다.

또한 하나의 트렌드로 자리 잡은 반려동물 기르기는 어쩌면 통계에 집계되지 않는 다른 동물들이 처한 열악한 상황을 가리는 데 좋은 장식이 되고 있는지도 몰라요. 여전히 해마다 10만 마리가 넘는 개와 고양이가 버려지고 있으며, 그중 적지 않은 수가 들개로, 길고양이로 떠돌며 다른 동물과 인간에게 위협적인 존재가 될 때도 있습니다.

짧은 쇠줄에 묶인 채 평생을 마당 구석에서 살아가는 누렁이들과 3,000여 개의 개 농장에서 비참하게 키워지고 있는 식용견들도 있습니다. 더 심하게는 상품으로 팔려 나갈 애완견을 생산하는 번식견으로 평생을 쓰이다 죽는 어미 개들이 존재하지요. '소유주'는 있되 '보호자'는 없는 이런 동물들은 우리가 아는 것보다 훨씬 비참하게 살다가 죽습니다.

이런 상황을 바꿀 수 없다면, 우리는 인류의 진화와 생존에 크게 이바지한 존재들에게, 인간을 가장 잘 이해하는 특별한 동물들에게 상당히 미안해해야 합니다. 동물과 반려 관계를 발전시키고 유지하는 것은 인류 역사에서 가장 보편적인 문화이기도 합니다. 인간과 함께 역사를 만들어 온 반려동물, 비록 내가 소유하지는 않더라도 우리가 함께 보호할 수는 있지 않을까요?

4

사람 복지요?
모퉁이를 돌아 동물복지와
같은 방향입니다

많은 사람이 말합니다. '동물 복지'가 뭐 그렇게 중요하냐고요. 무료 급식소에 가 보면 아직도 배를 곯는 사람들이 줄을 서는 세상이라고 말입니다. 이런 세상에서 동물 복지 이야기를 꺼내는 건 옳지 못한 일일까요? 동물과 사람의 복지는 서로 경쟁하는 관계일까요?

동물에게 좋은 먹이를 주고, 편하게 쉴 수 있는 공간만 마련해 주면 그만이라고 생각하는 사람들도 있습니다. 그러면 우리 인간이 더 건강한 축산식품을 얻을 수 있을 테고, 그런 의미에서 동물에게도 복지가 필요하다고 여기는 것이지요.

우리가 '동물 복지'를 두고 의논할 수 있는 이야깃거리는 이게 전부일까요?

동물 복지가
뭐길래?

사람 복지도 안 되는데 무슨 동물 복지냐고요?

결식아동에게 쓰려고 했던 돈을 닭의 복지에 쓴다고 하면 몇 명이나 찬성할까요? 유기 동물을 보호하기 위해 수십억 원을 들여 보호소를 짓는다면 몇백만 원의 치료비가 없어서 병들어 죽는 사람들에게 죄를 짓는 것일까요?

이런 질문에 대답하기 위해서는 복잡한 윤리적 고려와 사회적 합의가 필요합니다. 특히나 애니멀 웰페어(animal welfare)라는 말이 동물 '복지'로 번역되어 쓰이기 시작하면서 사람의 복지와 비교하는 일이 잦아졌습니다. 동물에게나 사람에게나 녹록하지 않은 세상이라서 더 그렇겠지요. 그러나 현대사회에서 우리가 동물과 함께 경험하는 몇몇 사건은 사람과 동물의 복지가 반대 방향이 아니라 같은 곳을 향한다는 것을 증명합니다. 대개 끔찍한 장면에서 비롯되어 우리를 돌아보게 하기에 아픔이 남는 경험이지만 말이에요.

짧게 정의하면, 동물 복지란 사람을 제외한 동물의 신체적·정신적 안녕을 뜻합니다. 동물 하나하나, 개체 수준에서 삶의 질을 이르는 말이지요. 과학자들은 동물에 대한 윤리적 고민을 구체적으로 실현하기 위해 동물 복지 개념을 만들어 가는 중입니다. 맥락에 따라, 인간이 동물을 다루는 다양한 범주에 따라 동물 복지의 개념과 한계도 달라지곤 합니다.

동물과 관계없이 사는 사람이 있을까?

이 장에서는 범위를 좁혀 농장 동물의 복지를 다루겠습니다. 농장에서 살아가는 동물들의 삶의 질은 어떤 조건과 연결되어 있을까요? 미국의 과학자 데이비드 프레이저는 1997년《애니멀 웰페어》지에 발표한 논문에서 대중이 농장 동물의 복지에 있어 가장 중요하다고 생각하는 질문 세 가지를 다음과 같이 정리했어요.

첫째, 동물이 행복한가, 아니면 통증이나 바람직하지 않은 감정으로 고통받는가?

둘째, 동물이 건강하고 잘 생산하는가?

셋째, 동물이 정상적인 행동을 하고 충분히 자연스러운 삶을 살 수 있는가?

동물 복지 전문가나 생태학자가 아니어도 떠올릴 수 있는 질문입니다. 여러분 중에도 머릿속에 비슷한 물음표가 떠오른 사람이 있을 거예요. 이런 질문은 동물 복지의 공식적인 정의와도 들어맞습니다. 세계동물보건기구[(OIE, World Organization for Animal Health): 설립 당시 명칭인 국제수역사무국(Office International des Épizooties)의 약칭 OIE를 그대로 사용하고 있다)]에서는 동물 복지를 다음과 같이 규정합니다.

"건강하고, 편안하며, 영양 상태가 좋고, 안정되고, 내재적 행동(진화 과정을 통해 태어날 때부터 욕구를 느끼는 행동)을 표현할 수 있고…… 통증, 공포, 스트레스와 같은 불편함으로부터 고통받지 않는" 상태라고 말이지요.

동물의 편안함이나 위태로움을 염려하는 마음은 동물 복지라는 개념이 생겨나기 훨씬 전인 고대에도 존재했어요. 일찍이 불교에서는 동물과 인간이 서로의 모습으로 돌고 돌며 다시 태어난다는 가르침을 전해 왔어요. 지금은 우리가 인간의 모습이지만 과거에는 동물이었을 수 있다는 생각이지요. 속세에 있는 신자들이 지켜야 하는 5계 중 첫 번째가 불살생(不殺生)으로, 인간이나 동물 모두 죽이지 말라고 당부했습니다. 동물을 괴롭게 하는 일에 얽혀 있지 않은 대부분의 사람들은 쉽게, 그리고 자연스럽게 이런 생각에 동의합니다.

그런데 동물과 이해관계가 없는 사람이 있느냐 하면 그렇지도 않습니다. 많은 사람이 고기를 먹거나 반려동물을 기름으로써 동물과 관계를 맺고, 동물을 통해 얻는 이익과 손해를 가늠합니다. 고기를 먹던 사람에게 동물 복지를 위해 고기를 먹지 말라고 하면 대개는 반발심을 일으키겠지요?

여러 맥락에서 다양한 집단에 속한 사람들은 저마다 자신이 생각하는 동물 복지가 전부인 양 이야기하곤 합니다. 사회에 새롭게 등장해 제도적으로 아직 정확하게 규정되지 않은 말들이 흔히 겪는 과정이지요.

누구를 위한 '체험, 축제, 복지'일까?

한국에서 동물 복지라는 말은 오염되기 시작한 것으로 보입니다. '말의 오염'은 무지에 바탕을 두고 일어나지요. 이윤을 만들려는 의도와 함께 시작되는 경우가 많고요. 동물로 장사를 하는 사람들이 동물 복지라는 말을 차지하는 현상이 곳곳에서 눈에 띕니다.

조금 더 자세히 설명해 볼게요. 나라에서 동물 복지 농장 인증 제도를 만든 의도는 나쁘지 않아요. 그런데 동물 복지를 실현하지 않는 곳에서 제도의 허술함을 이용하기도 하죠. 동물 복지를 위해 농장을 어떻게 꾸려야 하는지에 대한 고민과 실천은 턱없이 부족한데, '동물 복지 축산 인증' 마크를 붙이고 '질이 더 좋은' 축산물이라고 홍보하면서 비싸게 파는 것이지요. 개나 고양이를 번식시켜 판매하는 사람들, 또는 미용하거나 치료해서 돈을 버는 사람들 중에도 동물이 어떻게 느낄지 진지하게 고민하지 않고 그저 홍보 수단으로 동물 복지라는 말을 남용하는 사람이 있습니다.

이는 '체험'이라는 말이 오염된 과정과 마찬가지입니다. '동물 먹이 주기 체험'과 같은 말은 여러분에게도 낯설지 않을 거예요. '고양이 카페'나 '강아지 카페'처럼 우리에게 친근한 동물을 구경하고 만질 수 있는 장소에 가 봤을 수도 있고, '야생동물 카페'에 방문해서 라쿤이나 미어캣처럼 평소에는 보기 힘든 동물을 직접 만지거나 먹이를 주고 껴안고 사진을 찍어 본 경험이 있을지도 모릅니다. 그런가 하면 야생동물을 싣고 전국의 유치원과 학교를 돌며 동물을 '체험'하게 하는 이동식 동물원도 있어요. 또 전국의 축제장에서 '생태 체험'이라며 동물을 만지거나 잡고, 심지어 그 자리에서 요리해 먹기까지 하는 일들도 일어납니다.

그런데 이런 생각도 해 봤나요? 우리가 체험을 한다는 이유로 동물을 만지며 신기해하고 즐거워할 때, 그런 경험이 정작 동물들에게는 어떤 상황일지 말이에요. 너무 흔하게 일어나는 일이라, 또는 생활 속에서 '자연스럽게' 겪는 일이라 미처 고민해 보지 못했을 수도 있어요. 하지만 이러한 행위는 '학습과 경험'이라는 그럴듯한 이름 아래 '동물 학대'라는 진실을 가리고 있습니다.

'산천어 축제'에서는 산천어라는 동물과 공존하는 방법을 안내하지 않습니다. 직접 동물을 잡고, 죽이고, 현장에서 요리해 맛보는 순서가 이어지지요. 차가운 물에 사는 산천어 같은 물고기들은 사람의 체온이 닿을 때 화상을 입고 통증을 느껴요. 잡아먹기 전까지 낯선 곳으로 이리저리 옮기고, 수많은 사람이 잡으려고 쫓고, 뜨거운 체온으로 몸을 움켜쥐는 행동은 인간의 '재미'를 위해 동물을 죽음과도 같은 고통에 빠뜨리는 행위예요.

이러한 행동은 동물을 사고파는 현장에서 반려동물이라는 말을 쓰는 것이나 같은 이치입니다. 새로운 맥락에서 어휘를 만들 때 장삿속을 가진 이들이 이윤 추구라는 속성을 희석하려고 가져다 쓰는 것이지요. 동물 복지라는 말도 그렇습니다. 동물을 번식시켜 파는 곳을 만들기 위해 대규모 토건 사업을 하면서 동물 복지라는 말을 갖다 붙이는 경우도 있어요. 이런 사례를 보면, 아직 동물 복지라는 말이 "코에 걸면 코걸이, 귀에 걸면 귀걸이"라는 생각이 듭니다.

동물 복지에 대해 고민하는 사람들

동물의 생각과 마음을 알 수 있다면

동물도 인간처럼 통증과 고통을 느낀다는 사실은 전통적인 동물 복지의 뿌리가 되었습니다. 우리가 느끼는 부정적 감각과 감정이 얼마나 끔찍한지 알기에 만약 동물도 비슷하게 느낀다면 인간이 동물을 다룰 때 조심할 필요가 생기니까요.

빅토리아 시대의 유럽 과학자들은 전 세계 식민지의 동물을 수집하고, 해부하고, 관찰하면서 동물과 인간이 얼마나 비슷한지 알아내기 시작했어요. 그리고 동물학과 생물학, 박물학이 발달하면서 동물과 인간이 생물학적으로 서로 얼마나 비슷한지 차츰 드러나기 시작하자 예민하게 영감을 받은 철학자들이 있었지요.

대표적 공리주의 철학자 제러미 벤담은 1789년에 출판한 《도덕과 입법의 원리 서설》이라는 책에서 "중요한 것은, 그들이 사유할 수 있는가도 아니고 그들이 말할 수 있는가도 아니다. 그들이 고통을 느낄 수 있느냐이다"라고 말했어요. 인간과 마찬가지로 고통을 느끼는 동물도 존중받아 마땅한 존재로 대해야 한다고 주장한 것이지요.

19세기 말 찰스 다윈과 같은 학자들은 동물의 감정을 연구하기 시작했습니다. 20세기에 들어서면서는 동물과 인간의 비교심리학, 행동학을 연구하는 학자들이 동물의 의식과 인지를 증명하려고 애썼지요. 동물의 머릿속에서 어떤 작용이 일어나는지 알아내는 일은 종종 학자들을 절망에 빠뜨렸습니다. 너무 어렵기 때문입니다.

메리언 도킨스라는 동물행동학자는 1993년 《우리의 눈으로 볼 수밖에 없을까?》라는 책에서 다음과 같이 푸념했어요. "동물들이 '진짜로' 느끼는 것과 무언가를 '느끼는 것처럼 행동하는 것'을 구분하기 위해 우리가 할 수 있는 일은 없다. 그래서 우리의 예측은 동물들의 그림자와 그들의 영원한 비웃음에서 빠져나올 수 없어 보인다."

오늘날까지도 동물이 언제 어떻게 느끼고 생각하는지 알아내는 것은 중요한 연구 과제입니다. 불과 10년 전만 해도 물고기의 뇌 구조가 포유류의 뇌 구조와 다르다는 이유로 물고기는 통증조차 느끼지 않는다는 연구 결과를 발표한 학자도 있었어요. 2020년에 이르러서야 물고기가 통증을 느끼고 고통을 피한다는 증거가 대세를 뒤집을 수 없을 만큼 쌓였지만, 물고기는 고통을 못 느끼는 존재라고 여기는 사람이 여전히 많습니다. 동물에게도 의식과 인지가 존재할 것이라고 미루어 짐작하기는 쉬워도, 연구를 통해 이를 증명하고 사람들을 설득하기는 이렇게나 어렵습니다.

동물행동학, 동물 복지를 측정하는 도구로 발돋움하다

가장 직관적이면서도 정확하게 동물의 생각과 마음을 짐작하는 방법은 동물의 행동을 분석하는 것이에요. 특히 동물행동학은 동물 복지를 감안해 동물의 고통을 측정하는 가장 좋은 방법이기도 합니다. 동물의 정상적이고 자연스러운 행동을 정리해서 비정상적이고 부자연스러운 행동이 나타날 때를 포착하는 거예요.

그걸 인간이 어떻게 구분할 수 있느냐고요? 맞아요, 쉽지 않습니다. 정상 행동과 자연스러운 행동을 규정하는 것 역시 단순하지 않아요. '정상 행동'은 일반적으로 동물이 정상적인 기능을 통해 드러내는 행동인가로 판단합니다. '자연스러운 행동'은 진화를 통해 동물이 하게 된 행동을 말해요. 가축을 예로 들면, 먼 조상인 야생동물이 본래 가지고 있어서 선천적으로 나타나는 종 특이성 행동이 가축화 과정에서도 남아 있는 경우까지 아우르지요. 동물행동학에서 사용하는 전문용어라서 좀 어렵게 느껴질 수도 있겠네요.

연구가 이어지고 있지만, 물론 헷갈리는 경우가 많습니다. 쳇바퀴를 굴리는 다람쥐를 예로 들어 볼게요. 다람쥐가 쳇바퀴를 굴리는 행동을 하는 건 얼핏 우리에게 자연스럽게 느껴집니다. 다람쥐를 기르는 사람들은 다람쥐가 지내는 공간에 쳇바퀴를 넣어 주고 놀게 하기도 하지요. 그러나 다람쥐는 야생동물이므로 사람이 기르기에 적절하지 않다는 전제도 있어야 합니다.

1998년 연구에서 행동학자 크리스토퍼 셔윈은 다람쥐가 쳇바퀴를 선호하지만, "쳇바퀴를 굴리는 다람쥐의 행동이 과연 정상인지" 의문을 던졌습니다. 2014년 야생에서 사는 쥐에게 쳇바퀴를 설치해 준 실험에서 야생 쥐는 쳇바퀴를 빈번하게 굴렸어요. 다람쥐에게 쳇바퀴를 주는 것이 자연스러운 행동을 유도한다는 뜻이라고 해석할 수도 있었지만, 같은 해에 실시한 다른 야생 쥐 연구에서는 열악한 환경에서 스트레스를 받을 때 쳇바퀴를 더 많이 굴린다는 결과가 나왔지요. 다람쥐의 쳇바퀴 굴리기에는 흔히 '정형 행동'이라고 부르는 이상 행동이 섞여 있는지도 모르는 거예요. 정형 행동은 목적이나 기능 없이 같은 동작을 반복하는 비정상 행동을 뜻합니다. 스트레스를 이겨 내기 위한 무의식적인 행동이지요. 이렇게 동물 행동 연구는 동물의 마음 상태와 복지를 측정하는 데 주요한 도구로 쓰이고 있습니다.

살충제 달걀 파동, 닭에게 '삶의 질'이란?

2017년 여름, 유럽에서는 달걀에서 살충제 '피프로닐'이 검출되는 사건이 있었습니다. 벨기에와 네덜란드의 양계 농장들이 줄줄이 문을 닫고, 산란계(달걀 생산을 목적으로 사육되는 닭) 수백만 마리가 살처분으로 목숨을 잃고 말았지요. 농장주 입장에서는 달걀을 생산해도 팔 수가 없으니 닭의 사룟값을 계속 들일 이유가 없었던 것입니다.

더 놀라운 것은, 한국에는 양계 농장에서 피프로닐을 사용하면 안 된다는 규정조차 없었다는 사실입니다. 유럽에서 문제 되었던 똑같은 살충제가 아무런 규제 없이 버젓이 사용되고 있었던 거예요. 이 사건은 먹거리 안전에 불신이 강한 한국의 축산업에도 엄청난 파장을 몰고 왔어요. 살충제를 사용하는 원인이 '공장식 축산'의 상징인 배터리 케이지 사육 방식(닭장을 여러 단으로 쌓아 산란계를 기르는 방식) 때문이라는 비판이 동물 보호 단체를 중심으로 나오기 시작했습니다. 그러자 사람들은 순식간에 식품 안전과 동물 복지를

연관 짓기 시작했지요.

좁은 배터리 케이지에서 사는 닭은 모래 목욕을 하지 못하기 때문에 진드기가 걷잡을 수 없이 퍼지고, 그 진드기를 죽이기 위해 살충제를 쓴다는 뉴스가 미디어를 도배했습니다. "살충제를 쓰지 않으려면 닭에게 모래 목욕을 할 수 있는 환경을 만들어 줘야 한다"라는 논리가 생긴 것이지요.

이때부터 동물 복지 축산 인증을 받은 달걀의 시장점유율이 급격하게 높아졌어요. 이렇게 본격적으로 성장한 산란계 농장의 동물 복지 농장 인증 비율은 몇 년이 지난 지금도 육계, 돼지, 한우 등 다른 분야보다 월등히 높습니다. 사람들이 동물 복지 축산물을 통해 안전한 먹거리를 찾게 되었다는 점은 비록 과학적 논쟁이 있더라도 그 의미가 커요.

그런데 왜 과학적 논쟁이 있느냐고요? 어떤 연구에서는 여러 가지 재료로 모래 목욕을 한 닭에서 진드기가 줄어들었다는 결과가 나왔지만, 또 다른 연구에서는 모래 목욕과 진드기 사이에는 상관관계가 없다는 결론을 냈거든요. 오히려 배터리 케이지에 사는 닭보다 야외에 풀어놓고 키우는 닭에서 진드기 감염이 더 심하다는 연구도 있었고요. 이게 무슨 말이냐고요? 모래 목욕과는 별개로 진드기를 막는 데에는 닭에게 '부리 자르기'를 하지 않는 것이 더 유의미하다는 연구가 있습니다. 태어난 대로 뾰족한 부리를 가진 닭은 스스로 진드기를 잡을 수 있으니까요.

좁디좁은 케이지 안에 갇혀 사는 닭들은 스트레스를 견디다 못해 서로를 쪼아 상처를 내는 일이 빈번하게 일어납니다. 이런 현상을 '카니발리즘'이라고 부르는데, 이를 예방하기 위해 병아리의 부리를 뭉툭하게 자릅니다. 뭉툭한 부리로는 깃털 사이에 있는 진드기를 골라내지 못해요. 게다가 부리를 자르는 과정은 당연히 심각한 통증을 일으키고요. 부리를 자르지 않고 기르려면 닭이 스트레스를 받지 않고 온전한 신체와 정신으로 살 수 있는 환경을 마련해 줘야 합니다.

진드기와 살충제만 놓고 보자면, 부리를 자르지 말아야 닭이 스스로 진드기를 잡을 수 있으니 결과적으로 닭에게 더 나은 삶의 질을 보장해야 우리가 살충제를 쓸 이유도 없어진다는 결론에 이르지요. 아쉽게도 당시 부리 자르기를 하지 말아야 한다는 대안까지는 공론장에 나오지 못하고 시간이 흘러 버렸습니다.

하지만 이러한 사태를 통해 사람들은 평소에 자주 먹는 달걀이 어떤 곳에서 나왔는지 알게 되었고, 우리의 불안감에 대한 해답은 닭이 본래 어떤 동물인지 이해하는 데에서 나온다고 생각하게 되었어요. 사람의 안전과 위생을 보장하기 위해 동물이 본래 살아가던 대로 살게 해 줄 필요가 생긴 거예요.

동물 복지 농장이 중요한 이유

공장식 시스템에서 동물들이 죽지 않으려면

현대적 의미의 동물 복지 개념은 우리가 공장식 축산이라고 부르는 집약 축산에서 비롯되었습니다. 집약 축산이란 전통적인 축산보다 훨씬 큰 규모로 밀도 높고 빠르게 동물을 길러 내는 축산 방식을 뜻해요. 20세기 중반에 사람들은 본격적인 집약 축산의 등장을 지켜보게 되었고, 새로 탄생한 이런 농장의 모습은 사람들에게 매우 낯설었지요. 이전까지 가축은 목동과 함께 뒷산에서 뛰놀던 존재였으니까요. 그런데 이제 한눈에 다 셀 수도 없을 만큼 많은 수의 가축이 좁은 우리에 빠듯하게 갇혀 마치 공장 제품처럼 생산되는 모습을 본 사람들은 충격에 빠졌습니다.

영국의 동물 복지 활동가이자 작가인 루스 해리슨은 1964년 《동물 기계》라는 책을 출간하며 산업화된 축산 방식을 비판했어요. 이 책은 영국 정부가 집약 축산의 문제를 조사하는 계기가 되었을 정도로 사회적으로 큰 반향을 일으켰습니다.

축산에 동물 복지를 도입하게 된 이유가 단지 동물에 대한 연민 때문만은 아니에요. 들판에 살던 가축들이 건물 안으로 들어가면서 동물들은 그 전보다 더 많이 죽어 나갔습니다. 자연스러운 행동에 제약이 생긴 것은 물론이고, 먹이의 질과 양도 달라졌지요. 심지어 성장하는 속도가 빨라지고 알과 젖의 생산도 기형적으로 많아졌습니다. 이전에는 오랫동안 견딜 수 있던 더위와 추위도 사람의 관리에 적응하면서 더는 이겨 내지 못하게 되었고요.

다른 산업과 마찬가지로 생산성을 높이는 일이 축산업의 숙명이 되었습니다. 오랜 세월 자연환경에 적응했던 동물들을 인위적 환경에서도 건강을 유지하며 상품성 있게 기르는 것이 중요한 문제로 떠올랐지요. 공장식 시스템에서 동물들이 죽지 않게 하려면 동물 복지를 연구하고 적용해야 합니다. 이에 따라 동물 복지를 적용하는 일은 축산업의 생산성을 올리는 데 중요한 과제가 되었고, 축산업자들은 복지 연구에 돈을 쓰기 시작했어요. 고통에 시달리는 동물보다 기분 좋게 사는 동물이 더 튼튼하고 새끼도 많이 낳으며 더 빨리 살찌기 때문이죠.

가축은 인간의 돌봄에 익숙하도록 생리적·행동학적으로 진화했습니다. 하지만 여전히 길들이기 전의 야생동물이 가지고 있던 습성을 간직하고 있어요. 예를 들어 돼지와 그 조상인 멧돼지처럼 말이지요. '습성'이란 야생에서 살아남는 데 꼭 필요한 행동 양식이라서 유전자 속에 기억으로 남은 것을 말합니다.

야생의 멧돼지는 새끼를 낳을 때가 되면 풀과 나뭇가지로 둥지를 짓습니다. 비바람과 천적으로부터 새끼를 보호하려면 그런 행동이 유리하기 때문이지요. 새끼를 낳고 나면 둥지에 일주일 넘게 틀어박혀서 먹지도 않고 새끼를 돌보고요. 새끼들은 생후 2주가 되면 어미와 함께 세상 밖으로 나와 다른 멧돼지들을 만나고 사회 구성원이 되는 법을 배웁니다.

우리가 길러서 잡아먹는 집돼지들도 새끼를 낳을 때가 되면 둥지를 짓습니다. 더 정확히 말하면, 지으려고 애를 쓰지요. 둥지를 지을 흙바닥 대신 분변이 아래로 빠지도록 만든 단단한 슬레이트 바닥재가 깔려 있고, 둥지 재료가 되는 풀이나 나뭇가지 대신 철제 분만틀만 어미 돼지의 몸을 감싸고 있기 때문입니다. 집돼지들은 실제로 둥지 짓기를 배운 적이 없지만, 새끼를 낳기 전에 분비되는 호르몬이 어미가 되려는 돼지에게 둥지를 짓고 싶은 동기를 만들어 내지요. 그 동기는 아주 강해서 제 몸이 상하는 것도 잊게 만듭니다. 온전한 둥지 짓기 대신 파지 못하는 바닥을 파려고 애쓰다가 철제 분만틀이나 쇠사슬을 반복적으로 씹습니다.

그러는 동안 어미 돼지는 스트레스 호르몬이 급격히 올라가고,

새끼를 낳고 나서도 돌볼 수 없는 상황에서 때로는 새끼 돼지를 물어 죽이는 일마저 일어나지요. 스트레스 가득한 어미에게서 태어난 새끼 돼지는 그렇지 않은 새끼 돼지보다 스트레스에 더 취약한 개체로 성장합니다.

이런 상황에서 동물 복지는 앞서 나가는 기술이 되기도 해요. 어미 돼지에게 깔짚을 주고 새끼를 돌볼 기회를 주는 데는 당장 비용이 많이 듭니다. 하지만 결과적으로는 더 많은 새끼 돼지를 건강하게 키워 내서 들어간 비용 이상의 이익을 거둘 수 있게 되지요.

동물 복지는 인간을 위한 것이기도 하다

지금까지 축산에서의 동물 복지는 생산성을 높이는 수준에서만 이야기되었습니다. 고비용·고효율을 추구하기에 '효율', 그러니까 생산성이 낮아지는 순간 동물의 삶은 더 이상 나아질 수는 없었지요.

더욱 걱정스러운 것은 한국의 축산 시스템은 이조차 받아들이지 못하고 있다는 현실이에요. 동물 복지에 비용을 더 들일 기술도 의지도 없기 때문에 저비용·저효율 축산에 머물고 있습니다. 그래서 동물의 삶이 나아지지 않고, 한국 사람은 덜 안전한 축산물을 먹게 되지요.

예를 들어 볼게요. 한국에서 가축 한 마리당 사용하는 항생제의 양은 세계 최고 수준이에요. 그 많은 항생제는 결국 동물과 사람의 몸으로 들어가 내성균을 만들고, 어떤 항생제에도 죽지 않는 슈퍼 박테리아를 만들어 냅니다. 이런 악순환을 끊으려면 약을 덜 써야 하고, 약을 덜 쓰려면 동물 복지를 이루어야 합니다.

최근 들어서야 한국에서도 비용이 더 들더라도 소비자로서 동물 복지를 반영한 제품을 선택하겠다는 사람들이 조금씩 늘어나고 있습니다. 동물 복지가 가축에게도 제공되어야 할 기본 조건이라는 생각도 확산되고 있고요. 유럽연합(EU)에서는 산란계의 배터리 케이지와 어미 돼지의 분만틀 사용을 법적으로 제한하고 있는데, 이는 생산성과 상관없이 동물에게도 기본적인 권리를 주어야 한다는 생각에서 출발한 것입니다.

한국에서 가축에게 동물 보호법을 적용하는 일은 매우 드물지만, 동물 복지 축산 인증 제도를 도입해 가축의 동물 복지를 지향하도록 유도하고 있습니다. 2012년 산란계를 시작으로 2013년 양돈, 2014년 육계 등 가축의 종류별로 동물 복지 축산 농장을 심사하고 인증하고 있지요.

안타까운 것은 동물 복지에 대한 확고한 의지를 가지고 이런 제도를 시행하는 것이 아니라 그냥 외국의 제도를 따라 하다 보니 제도를 시행할 인력도 부족하고 예산도 없다는 거예요. 정부 차원의 적극적인 지원이나 홍보도 부족하고, 넓은 범위의 소비자는 아직 동물 복지 축산물을 선택할 준비가 되지 않은 것으로 보입니다. 동물 복지 축산 인증을 받은 농장은 산란계와 육계를 제외하면 전체 농가 대비 1퍼센트도 채 되지 않아요.

그러나 정부 탓이나 소비자 탓만 하고 있을 시간이 없어요. 꼭 동물을 위해서가 아니라도 동물 복지는 곧 국가 간 무역 장벽으로 등장할 가능성이 큽니다. 2000년대 초부터 유럽연합은 세계무역기구(WTO)에 동물 복지 표준을 비교역 관심 사항으로 제기하고 있어요. 이게 무슨 말이냐고요?

동물 복지를 보장하지 않는 축산물은 사지 않겠다고 선언함으로써 무역에서 유리한 입지를 차지하겠다는 뜻입니다. 그래서 한국 축산업계는 한-EU FTA(자유무역협정)를 계기로 동물 복지를 본격적으로 논의하게 되었어요. 강제로 동물 복지를 적용해야 하는 상황이 동물 복지에 관심이 없는 축산업자 입장에서는 불쾌할 수도 있습니다. 그러나 산업 보호 차원에서라도 한국 축산업은 빠르게 태세를 전환해야 해요.

이제 '원 웰페어(one welfare)'에 주목할 때

동물들 하나하나가 우짖을 때 그들의 목소리는 우리에게 들리지 않았습니다. 현대 축산은 철저하게 높은 울타리에 가려졌고 창도 없는 건물로 들어가 버렸지요. 그 안에서 끊임없이 표현되는 동물들의 고통은 좀처럼 들을 기회가 없습니다. 우리가 만나는 가축이란 대개 고깃집 간판에 그려진, 엄지를 척 들고서 활짝 웃는 소, 돼지, 닭의 캐릭터 정도지요. 사람이 그린 그림 속 동물들은 "당신은 행복한 동물을 먹고 있다"라는 메시지를 내비치며 심리적 부담을 덜어 주려고 애를 쓰지요. 우리는 알면서도 속습니다.

그러다가 이따금 병든 가축을 살처분한다는 뉴스와 그 엄청난 숫자에 직면할 때 그들이 행복하지 않다는 사실을 문득 깨닫습니다. 그리고 그들의 불행이 우리의 식탁을 위험하게 만든다는 것도 일시적이나마 강하게 느끼게 되지요. 우리가 동물에게 느끼는 측은지심도 어쩌면 우리에게 되돌아올 불행을 어렴풋이 예상하기 때문일지 몰라요.

한국은 유별나게 약자에게 인색한 나라 중 하나입니다. 한국 사회와 동물의 관계, 그중에서도 가축에게는 특히 인색함이 두드러져요. OECD(경제협력개발기구) 가입국인 한국의 국가적 경제력이 약하다고 말하기는 어려울 거예요. 그러나 그에 비해 보통 사람들의 삶이 워낙 빠듯하다 보니 동물들이 어떻게 살아가고 있는지 관심을 기울일 여유가 없는 것 같기도 해요. 사람이 살 만해져야 동물의 삶도 살필 수 있을 테니까요. 동물들도 살 만하게 만들자는 주장은 동물과 다를 것 없이 사는 사람들의 삶도 함께 챙기자고 주장해야 설득력을 얻습니다.

그래서 사람이든 동물이든 사회적 약자의 지위 변화는 서로 경쟁하기보다 동시에 일어날 가능성이 커요. 사람과 동물을 가르지 않고 사회적 약자의 삶의 질을 두루 걱정할수록, 주어진 상황과 문제를 좀 더 나은 방향으로 바꾸어 갈수록 모두의 삶의 질이 나아질 거예요. '동물 복지와 사람 복지가 하나'라는 의미로 원 웰페어(one welfare)라는 말이 주목받는 까닭입니다.

5

17호가 세상을 떠났고, 데이터가 쌓였습니다

공항 탐지견으로 훈련받은 개가 한 대학의 실험실에서 학대를 받은 사실이 알려지면서 사회적으로 큰 반향을 불러일으켰습니다. 제대로 먹지도 못하고 보살핌도 받지 못한 개의 모습은 보는 이들을 충격에 빠뜨렸지요.

또한 실험용 동물이라는 이유로 청력을 상실하게 한 뒤 장기간 실험실에 방치해 고통 속에 살아가는 고양이의 모습 역시 사람들을 분노하게 했습니다.

연구의 비밀과 안전을 유지하기 위해 외부와 단절된 실험실에서 동물은 어떤 삶을 살아가고 있을까요? 사실 과학자가 아닌 사람들은 잘 모릅니다. 동물실험은 왜 하는 걸까요?

우리는 언제부터 동물을 해부하고 실험했을까?

비인간 동물은 이성이 없으므로 고통을 느끼지 못한다?

고대 그리스의 자연과학자들은 동물마다 다른 생물학적 특성을 비교하는 일에 관심을 가졌습니다. 자연과 우주의 일반적인 규칙을 찾으려면 동물의 삶을 분석하고, 동물과 인간을 비교하는 일이 중요하다고 여겼기 때문이지요. 이런 관심은 동물을 해부한 기록을 남겼던 고대 그리스의 의학 저술가이자 과학자 알크메온이나 다양한 동물의 신체 장기와 기능에 관심을 가졌던 아리스토텔레스의 해부학 연구로 거슬러 올라갑니다.

이후 로마의 의사였던 갈레노스가 이런 흐름을 이어받았습니다. 그는 인체의 모든 구조물이 가진 고유의 기능을 밝혀내기 위해 동물을 산 채로 해부했어요. 갈레노스는 동물과 사람은 신이 만든 완벽한 구조물이라고 여겼어요. 동물을 해부함으로써 사람의 해부학적 구조와 기능을 밝히는 일이 신의 이치를 밝히는 것과도 같다고 생각했지요. 어느 시대든 사람 또는 사람의 시신을 해부하고 실험하는 일은 꺼렸기에 '대안'으로 동물을 사용한 것입니다.

예를 들어, 갈레노스는 오줌이 신장에서 만들어져 오줌보(방광)로 모인다는 것을 확인하기 위해 동물의 복막을 갈라 요관을 묶었습니다. 당시에는 마취가 없었기 때문에 아마도 그냥 동물의 배를 갈랐을 테지요. 그 상태로 풀어놓으면 동물은 오줌을 싸지 못한 채로 다니는데, 오줌보는 텅 비어 있고 요관은 거의 터질 정도로 오줌이 가득 찹니다. 요관을 풀면 그제야 오줌이 방광에 차기 시작하지요.

갈레노스는 '동물은 이성이 없고 인간보다 덜 민감하기 때문에 실험이나 해부로 상해를 입어도 고통스러워하지 않을 것'이라고 생각했습니다. 그는 실험에 돼지, 원숭이, 양, 말, 곰, 족제비, 쥐는 물론 코끼리까지 사용했습니다.

의학과 과학의 발전이라는 이유로

르네상스 시대를 이끌었던 레오나르도 다빈치나 베살리우스 같은 해부학자들은 인체와 동물이 정상으로 움직이고 제대로 기능하는 것은 이에 딱 맞는 신체 구조 때문이라고 생각했어요. 그들은 그동안 금기로 여겼던 인간의 시신을 직접 해부하면서 인체의 해부학적 구조를 연구하기 시작했습니다.

여전히 동물 해부와 동물실험도 이들에게 중요한 지식을 제공해 주었습니다. 그러나 이런 과정이 공부하는 사람이나 연구하는 사람에게 항상 유쾌한 일은 아니었어요. 베살리우스의 한 제자가 남긴 글을 보면 살아 있는 개를 묶고 신경을 도려내어 짖지 못하게 하는 실험 장면이 묘사되어 있습니다. 베살리우스는 그 실험을 통해 어떤 신경이 짖는 기능과 연관되어 있는지 증명하고자 산 채로 개를 해부해서 동맥 근방의 신경을 자른 거예요.

한편, 다빈치 역시 해부학에 심취했습니다. 그러나 그는 살아 있는 것에 해를 끼치지 않으려는 삶의 태도를 유지하려고 노력했어요. 그가 시장에서 새장에 갇혀 있는 새를 사서 날려 보낸 일화는 유명하지요. 그는 인간에 대한 연구가 존중받듯이, 언젠가는 동물을 위한 연구가 존중받을 날이 오리라고 믿었습니다.

그 이후로도 학자들은 모든 생명현상의 메커니즘을 밝혀내느라 생물의 구조를 기계처럼 조각조각 분해하고 그 기능을 시험했어요. 이렇게 근대과학의 시대가 시작되면서 동물은 과학과 의학 연구의 가장 일반적인 도구가 되었어요. 베살리우스와 파브리시우스가 확립한 근대 해부학의 전통을 이은 실험생리학자 윌리엄 하비는 혈액순환설을 증명했습니다. 그는《동물의 심장과 혈액의 운동에 관한 해부학적 연구》(1628년)라는 책에서 갈레노스의 오류로 남아 있던 혈액의 폐순환을 증명해 냈지요. 하비에게 동물의 신체는 그 자체만으로도 신의 뜻이 깃들어 있는 신비한 창조물이었습니다. 그래서 동물의 신체 기능과 구조를 밝혀내는 일을 중요하게 여겼던 거예요.

이런 생체 실험은 사회에서 거부감을 불러일으키기도 했어요. 그럼에도 과학자들은 확고한 생각을 표현하는 데 주저함이 없었습니다. 철학자인 프랜시스 베이컨 역시 의학 발전을 위해 생체 해부가 중요하다고 강조했지요. 프랑스의 생리학자 프랑수아 마장디는 동물실험을 비판하는 의견에 대해 "동물실험은 전쟁 같은 필요악이라 인류를 위해 꼭 필요하며, 사냥 같은 행위보다는 동물에게 덜 학대적이다"라고 주장하기도 했어요. 동물의 감정과 능력이 인간과 다르지 않다고 믿었던 진화학자 찰스 다윈마저 생리학적인 동물실험을 제한하면 과학의 발전을 가로막을 수도 있다고 염려했고요. 그러나 과학적인 성과를 얻을 수 있더라도 그 과정이 모두에게 괜찮은 것은 아니었습니다.

어미 원숭이와 새끼 원숭이의 생이별로 얻은 것

생체 해부 말고도 과학적 발견을 위해 동물을 이용하는 다른 방식도 존재해요. 현대 동물윤리학의 대가 피터 싱어가《동물 해방》(1975년)에서 강력하게 비판했던 해리 할로 교수의 심리학 연구가 한 예가 될 수 있어요.

1958년에 발표된 논문에 따르면, 할로 교수 연구 팀은 인간의 애착과 사랑을 연구하기 위해 어미에게서 강제로 떼어 낸 새끼 원숭이에게 모형으로 된 가짜 엄마를 주었습니다. 가짜 엄마가 공기압으로, 진동으로, 또는 날카로운 철사로 고통을 주었음에도 새끼 원숭이는 그 '엄마'를 꼭 끌어안으며 강한 집착을 보였다고 해요. 이 실험으로 할로 교수가 증명하고자 한 것은 어미에 대한 새끼의 애정이었어요.

그뿐만 아니라 할로 교수 연구 팀의 연구자들은 암컷 원숭이를 격리해 고통 속에서 키우다가 억지로 새끼를 낳게 하기도 했습니다. 그 어미는 결국 새끼와 애착 관계를 형성하지 못하고 새끼를 버리고 말았지요. "정신적으로 충격을 받은 어미가 자식에게 애정을 주지 못함을 밝혀내기 위해서"라는 목적이, 이 연구를 정당화할 수 있을까요? 결국 이 연구는 피터 싱어를 비롯해 도나 해러웨이나 메리 미즐리 같은 철학자들에게 강하게 비판받았어요.

그러나 할로 교수는 여기서 그치지 않았습니다. 1970년대에는 우울증 동물 모델을 만들기 위해 금속으로 작은 우리를 만들고 어린 원숭이를 최대 1년간 그 안에 가두었어요. 이른바 '절망의 구덩이'라고 불리는 이 작은 틀 안에 갇힌 새끼 원숭이들은 처음에는 빠져나오려고 애를 썼지요. 하지만 시간이 지나자 결국 한쪽에 웅크리고 앉아 아무것도 하지 않는 상태로 지내게 되었어요. 나중에는 문을 열어 주어도 원숭이들은 절망감과 무기력감에 빠져 움직이지도 않고 놀지도 않았습니다.. 정상적인 삶을 살아가지 못하게 된 것입니다.

동물의 고통을 전혀 고려하지 않는 방식으로 실험이 계속되는 동안, 함께 연구했던 그의 제자들조차도 이 시설을 없애고 싶어 했다고 해요. 할로 자신도 그의 논문에 실린 마비된 원숭이 사진이 비난받을 수준이라서 평판이 나빠질 것을 걱정한 실험심리학회지가 처음에는 게재를 거부했을 정도라고 고백한 바 있습니다.

동물실험에 문제를 제기하다

두 명의 여성, 갈색 개를 위해 싸우다

영국 런던의 배터시라는 지역의 한 공원에는 갈색 개의 동상이 세워져 있어요. 이 개 동상은 1907년에 이곳을 중심으로 일어난 '갈색 개 사건'을 상징해요. 어떤 사건이냐고요? 바로 생체 해부 실험 반대 운동과 실험 찬성론 사이에 일어났던 충돌을 말합니다.

1903년부터 생체 해부 실험 반대 운동을 이끌었던 의과대학 학생 두 명이 있었습니다. 바로 리치 린드 아프 하게비와 라이자 카테리네 샤르타우인데, 이 두 사람은 살아 있는 개에게 마취도 없이 반복해서 실험을 하고, 고통 속에 죽어 가게 하는 의과대학의 실험에 분노했어요. 이들과 뜻을 같이하는 사람들의 노력으로 실험실에서 일어나는 일들이 점차 세상에 알려졌습니다. 동물뿐 아니라 취약 계층의 인간에게도 의학 실험이 행해질 수 있다는 공포가 일었고, 가난한 노동자들 역시 분노에 공감했지요.

이 문제가 불거지자 첨예하게 대립했던 사람들의 입장은 다음과 같았습니다. 실험 찬성론자들은 과학자와 의료인의 연구 중요성이 무시당하고 있다고 주장했어요. 그런가 하면 생체 해부 실험을 반대하는 사람들은 동물에게 극심한 고통을 주는 행위를 용납해서는 안 된다고 강렬하게 맞섰지요. 두 주장이 팽팽하게 대립하면서 큰 혼란이 벌어졌습니다.

결국, 1906년에 영국 왕립심의회가 나서서 당시의 연구 환경과 각 주장의 타당성을 살피며 조사를 시작했고, 1912년이 되어서야 보고서를 발표할 수 있었습니다. 이 조사를 통해 해당 실험에 사용한 독약을 금지하고 동물에게 적절한 마취를 할 것을 권고하기에 이릅니다.

여기서 한 가지 주의 깊게 살펴볼 점이 있어요. 이미 영국의 동물 학대 방지법(Cruelty to Animals Act, 1876년)에서는 동물에게 고통을 가하는 실험을 하거나 실험에 참여하는 자, 특히 이 행위를 반복하는 자는 100파운드 이하의 벌금형 또는 3개월 이하의 징역형에 처하도록 하고 있었습니다.

그러나 법이 있다고 해서 과학계의 현실이 바뀐 것은 아니었지요. 사회적 논쟁이 일어나던 당시에도 마취 없이 살아 있는 동물에게 처치를 가하는 생체 해부 및 생체 실험(vivisection)이 이루어지고 있었어요. 동물 학대 방지법을 위반했다고 해서 바로 처벌을 받는 사례는 거의 없었으니까요. 의학 발전을 위해선 동물실험이 꼭 필요하다는 신념이 동물에 대한 배려보다 항상 앞섰던 것입니다. 갈색 개 사건은 이런 현실을 세상에 드러낸 역사적 기록입니다. 현재는 이런 생체 해부는 어떤 나라에서도 법으로 금지하고 있습니다.

한국의 동물 보호법

한국에는 이런 법이 언제 생겼을까요? 1991년 제정된 '동물 보호법'에서 이미 동물에 대한 일반적인 보호를 의무화하고는 있지만, 실험동물에 대한 관심은 크지 않았어요. 2008년이 되어서야 처음으로 '실험동물에 관한 법률'이 만들어졌지요. 실험에 쓰는 동물을 어떻게 키우고 돌보며, 실험 과정에서는 어떻게 다뤄야 하는지 이 법에서 밝히고 있습니다.

그렇다면 원하는 사람은 누구나 자유롭게 동물을 사서 해부하거나 실험할 수 있을까요? 한국의 '실험동물에 관한 법률'과 '동물보호법'은 허가받지 않은 동물실험을 금지하고 있습니다. 또 학자들은 허가받지 않은 동물실험에서 나온 결과를 공식적인 학술 발표에 인용할 수 없지요. 그래서 동물실험을 하고자 하는 연구 기관들은 기관 안에 동물실험윤리위원회를 설치해야 합니다. 그리고 모든 실험에 대해 사전에 동물실험 계획서를 낸 뒤 승인을 받아야 해요. 승인을 받으려면 꼭 해당 동물실험을 해야만 하는 이유를 설명하고, 동물이 몇 마리 쓰이는지에 대해 통계학적인 근거를 제시해야 합니다.

실험실에서 생을 마감하는 동물들

앞서 말한 동물실험의 윤리적 측면뿐 아니라 과학성에 대한 문제 제기도 있었어요. 동물실험은 동물을 통한 실험 결과가 인간에게도 비슷하게 적용된다는 가정을 전제로 합니다. 그러나 쥐에서 나타나는 독성이나 약물의 효과가 사람에게 항상 똑같이 나타나지는 않습니다. 그래서 동물실험 자체의 유효성을 믿을 수 없다는 비판이 나오는 거예요. 동물실험에서는 안전했지만, 사람에게 적용했을 때 문제가 발생한 사례도 있고요.

예를 들어 볼게요. 1957년 임신부의 입덧을 줄여 주는 약물로 시판된 탈리도마이드는 팔과 다리가 제대로 자라지 않는 기형아가 생기는 엄청난 부작용을 일으켰습니다. 하지만 동물실험에서

32,720,000
0.06
40
Ca(OH)

는 아무런 문제가 없었어요. 2006년에는 백혈병 치료제로 개발된 신약(TGN1412)의 임상 실험에 참여했던 8명 중 6명이 약을 투여한 뒤 의식을 잃고 중태에 빠지는 일이 있었습니다. 이 약은 원숭이를 대상으로 한 동물실험에서는 특별한 독성을 보이지 않았었지요. 물론 이런 문제들로 모든 동물실험의 유효성이 의심을 받는 것은 아니에요. 그러나 동물실험에서의 결과가 사람에게도 항상 똑같이 나타나는 것은 아니기 때문에 동물실험의 의미 자체가 퇴색되기도 합니다.

여러 가지 문제 제기에도 많은 학자가 걱정하는 것처럼 동물실험이 금지되어 생명과학과 의학이 발전하지 못하는 상황이 벌어지지는 않았습니다. 현대사회에서는 생체 해부가 허용되었던 시기보다 훨씬 많은 동물이 실험에 쓰입니다.

어떤 동물이 실험에 쓰일까요? 농림축산식품부의 '2019 실험동물 보호·복지 관련 실태 조사 결과'에 따르면, 한국에서는 2018년 한 해 동안 약 370만 마리의 동물이 실험에 이용됐습니다. 대부분은 마우스(생쥐)와 래트(흰쥐) 같은 설치류였어요. 차지하는 비중은 쥐보다 조금 낮지만, 같은 해에 토끼 2만 7,000마리, 원숭이 3,800마리도 실험에 이용됐지요. 전 세계로 따지면 해마다 2억 마리 정도의 동물이 실험에 사용되는 것으로 알려져 있어요. 한국은 세계에서 여섯 번째로 실험동물을 많이 사용하는 나라이기도 합니다.

실험에 많이 쓰이는 동물의 특징은 수명이 짧고 번식력이 좋다는 거예요. 이 조건에 해당하는 동물이 바로 마우스, 래트, 기니피그 같은 설치류나 토끼 같은 중치류예요. 실험의 성격에 따라 수명이 좀 더 긴 돼지나 개, 고양이, 원숭이 같은 동물을 이용하기도 합니다.

인간은 동물을 어떤 실험에 사용할까요? 산업계에서는 의약품이 안전한지 시험해 보기 위해 독성 및 안전성 평가에 동물을 이용해요. 의약품을 상품으로 판매하기 전에 제약 회사는 해당 약물이 얼마나 안전한지 증명해야 합니다. 먼저 마우스 같은 설치류와 설치류가 아닌 다른 동물에게 독성 검사를 하도록 규정이 마련되어 있습니다. 시험물을 정해진 용량으로 정해진 시간 동안 실험동물에게 투여한 뒤 독성이 나타나는지 관찰하지요.

생활에 쓰이는 화학제품들에 대해서도 비슷한 독성 검사가 이루어져요. 학계에서는 생명과학과 의학 분야의 연구 시험 재료로 동물을 이용합니다. 또 의과대학과 수의과대학의 해부나 외과 실습에도 적지 않은 수의 동물이 사용되고 있어요. 외과 의사들도 새로운 수술법을 개발하면서 먼저 동물에게 적용해 보곤 하지요. 이때는 개나 돼지, 영장류 같은 동물이 쓰입니다.

이러한 연구에서 동물은 인간이 가진 다양한 질병의 모델로 활용됩니다. 해부학적·병리학적 모델뿐 아니라 심리학이나 정신 질환의 모델로도 쓰이지요. 특정 질병을 이미 앓고 있는 동물을 실험에 이용하거나, 또는 질병이 발생할 수 있는 유전자를 지니도록 실험동물을 만들기도 합니다.

그렇다면 동물은 실험 중에 어떤 고통을 겪을까요? 모든 동물실험 계획서에는 동물실험에 쓰이는 동물의 고통 정도를 표시하게 되어 있습니다. 그러나 이런 절차가 있다고 해도 한국에서 2018년에 사용된 실험동물 중 약 80퍼센트가 '고통 등급 D, 즉 중등도 이상의 고통이나 억압'을 겪거나 '고통 등급 E, 즉 극심한 고통이나 억압 또는 회피할 수 없는 스트레스'를 받는 실험에 쓰였습니다.

윤리적이고 과학적인 연구를 위한 노력

현대 동물실험의 3R 원칙

과학자들이 실험동물의 고통이나 실험동물의 수에 완전히 무심했던 것은 아니에요. 1959년 영국의 동물학자 윌리엄 러셀과 렉스 버치는 《인도주의적 동물실험 기법의 원리》라는 책을 펴냈어요. 이 책에는 다음과 같은 원칙이 담겨 있습니다.

첫째, 실험에 사용되는 동물의 수를 가능한 한 줄여야 한다.
둘째, 동물을 실험에 사용할 때 동물의 고통과 스트레스를 줄이는 방식을 적용해야 한다.
셋째, 동물실험이 아닌 방식으로 연구가 가능하다면 아예 동물실험을 하지 않는다.

이것이 바로 현대 동물실험의 '3R 원칙'이에요. 3R의 R은 실험의 대체(replacement), 사용되는 동물 수의 축소(reduction), 실험 방법의 정교화 또는 개선(refinement)을 의미해요. 앞에서 연구자가 실험을 시작하기 전에 제출하는 동물실험 계획서가 있다고 이야기했지요? 이 계획서에는 3R을 고려한 내용이 반드시 포함되어야 합니다. 이런 고려가 충분하지 않을 때는 동물실험을 승인받을 수 없어요. 승인을 받지 않은 실험의 결과는 학술적으로도 가치를 인정받을 수 없고요. 실험동물은 살아 있는 생물입니다. 그래서 그 동물의 육체적·정신적 안정이 확보되지 않은 상태라면 어떤 실험 결과도 믿을 수 없다고 보는 거예요.

실험동물에게 물과 사료를 충분히 섭취하게 하고 개체별로 필요한 공간을 확보해 주는 정도로 이들에게 배려를 다했다고 말할 수는 없습니다. 특히 인지능력이 고도로 발달한 척추동물 이상의 동물을 실험에 이용할 때는 동물종의 특성을 고려해 실험실 내 사육 환경을 유지하는 것이 중요합니다. 이를 실험실 동물의 '환경 풍부화'라고 해요.

이를테면, 개의 경우 사회성을 고려해 한 마리가 아니라 두 마리 이상이 함께 또는 따로 지낼 수 있도록 사육장을 마련해 주고 지루하지 않도록 장난감도 줍니다. 마우스에게는 둥지를 만들 수 있게 종이나 톱밥 같은 재료를 넣어 주고 이빨을 갈 수 있는 도구도 마련해 주고요. 어떤 동물실험들은 1년 넘게 이어지기도 하는데, 이 경우 동물은 오랫동안 실험실에서 지내게 되겠지요. 따라서 동물의 상태가 나빠지지 않도록 더욱 신경 써서 동물의 삶을 살펴야 합니다. 그리고 삶의 질이 너무 나빠져서 고통을 받는 동물은 안타깝지만 적절한 시기에 안락사를 해야만 합니다.

대체 실험 연구, 어디까지 왔을까?

현재 동물실험을 줄이기 위한 대체 실험 연구도 활발하게 이루어지는 추세예요. 미국의 존스홉킨스대학교 같은 세계적인 대학과 영국 정부에서 연구비를 지원하는 영국 국립스리알연구소(NC3Rs, National Centre for the Replacement, Refinement & Reduction of Animals in Research)에서 동물실험 대체법을 연구하고 있어요. 또한 민간 회사에서도 다양한 인공 모델을 만들어 동물실험을 대체하고자 노력하고 있지요. '드레이즈 테스트(자극성 실험)'를 예로 들 수 있습니다. 이 실험은 본래 토끼 같은 실험동물의 눈과 피부에 고농도 시험 물질을 떨어뜨려 자극의 정도를 알아보는 데 목적이 있었습니다. 현재는 인공 피부 에피덤이나 인공 각막 에피오큘러 같은 인체 조직과 비슷한 일종의 대체 모델로 실험을 진행할 수 있어요.

의과대학과 수의과대학에서는 실험동물을 없애고 동물 모형(더미, dummy)이나 인도적인 절차에 따라 기증받은 사체로 실습을 하고 있어요. 3D 모델링을 활용한 애플리케이션이나 가상현실(VR)을 활용한 실습 프로그램도 개발이 한창이고요. SF 영화에서나 볼 수 있을 법한 시각화된 자료를 활용해 학생들이 실제 동물을 해부하듯 동물의 신체 내부를 볼 수 있도록 하는 프로그램입니다. 또 동물 피부와 비슷한 소재로 만든 동물 신체 모형을 활용해 외과 실습을 하기도 하지요.

이와 함께 동물을 다루는 데 익숙하지 못한 어린 학생들의 동물 해부 및 실험 실습은 금지되고 있는 추세입니다. 과학적으로 이미 알려진 사실을 재시험하는 것뿐이어서 꼭 필요한 실험이라고 볼 수 없지요. 또 능숙하지 못한 실험자는 동물을 제대로 마취하거나 보정하기도 어렵고, 그로 인해 동물이 고통을 받을 수 있기 때문이에요. 한국에서도 2019년부터 중·고등학생의 동물실험이 전면 금지되었습니다.

동물실험을 줄이려는 노력에 동참해요!

사회는 동물실험에 관대한 편입니다. 동물을 실험에 사용하는 궁극적인 목적이 인간의 건강을 지키고 질병을 치료하는 데 있기 때문이지요. 가장 많이 쓰이고 있는 실험동물이 주로 쥐와 같은 설치류여서 다른 동물들을 떠올릴 때보다 사람들의 심리적 거부감도 덜합니다.

실험실 동물은 이름이 없습니다. 대신 번호가 붙여진 실험동물들은 살아 있는 동물이라기보다는 '데이터' 그 자체로 취급되는 경향이 있어요. 동물실험이 이루어지는 곳은 가축 농장보다도 훨씬 제한된 특별한 공간이기 때문에 보통 사람이 실험동물을 만나는 일은 거의 없어요. 사람들 대부분은 이들이 어떻게 태어나고 죽어 가는지 알 수가 없습니다.

동물이 인간을 위한 의학과 과학의 발전에 쓰이는 이유는 이들의 신체와 생명 반응이 인간의 것과 비슷하기 때문이에요. 다시 말해, 실험동물은 인간과 같은 질병에 걸리고, 인간과 같은 고통을 느낍니다. 인간과 똑같은 고통을 느낄 수 있는 존재에게 독을 시험하고, 새로운 외과술을 시험하고, 백신을 시험하는 것은 윤리적으로 정당한 일일까요? 이렇게 많은 동물이 인간을 위해 고통스럽게 죽어 가도 괜찮은 걸까요?

알베르트 슈바이처 박사는 그의 저서 《문화와 윤리》(1960년)에 다음과 같이 썼습니다.

인간에게 도움이 될 결과를 얻기 위해 동물에 수술이나 약물을 시험하거나 질병을 심는 자는, 가치 있는 목적을 추구하기 위해 이런 끔찍한 일을 한다는 이유로 자신을 위로해서는 안 된다. 모든 실험마다 인류를 위해 이 동물의 희생이 정말 필요한 실험인지 꼭 잘 생각해 봐야 한다. 그리고 가능한 한 고통을 줄일 수 있도록 염려하며 신경 써야 한다.

이런 문제의식은 사람들의 행동을 바꿉니다. 사람들은 희생을 당하는 실험동물의 수가 줄어들기를 원하고, 이를 적극적으로 표현할 수 있어요. 이를테면, 개인 차원에서는 동물실험을 하지 않은 제품을 소비하는 방법이 있습니다. 또 국가에서 세금을 지원받는 연구에서 실험동물의 복지를 더 배려하게끔 시민 단체를 통해 의견을 밝힐 수도 있지요.

수의과대학에 세워진 '수혼비(獸魂碑)'는 인간의 연구와 실험에 쓰인 동물들의 희생을 기리기 위한 것입니다. 그 어떤 경우라도 동물의 희생을 가볍게 그리고 당연히 여겨서는 안 되며, 동물실험을 대체할 방안을 마련하는 데 힘써야 합니다.

6

동물원은 동물을 보호하는 곳일까요?

동물원 매표소에 앉아 방문객을 맞는 일을 해 본 적이 있습니다. 열에 아홉은 이제 막 걷기 시작한 아이들과 그 보호자들이지요. 보호자들은 대체로 동물보다 데리고 온 아이에게 관심을 둡니다. 동물원에서 찍은 사진인데 동물보다 아이 사진이 많고요. 동물들은 그저 귀여운 아이들의 배경이 될 뿐입니다. 동물원 방문객 중 일부를 차지하는 청소년들이나 어른들 역시 창살에 갇힌 동물들을 인물 사진의 배경으로 쓸 뿐이지요.

동물원을 찾는 사람들은 동물원의 동물들을 바라보며 어떤 생각을 할까요? 동물원에 가지 않겠다고 마음먹은 사람들은 무엇을 불편해하는 걸까요?

우리가 동물원이라고 생각하는 전통적인 형태의 동물원은 방문객이 점점 줄고 있습니다. 대신 도심 건물 안에서 동물을 만지고 먹이를 줄 수 있는 유사 동물원이 성행하며 방문객이 급격히 늘어나고 있지요. 동물을 좋아하지만 동시에 요즘 세상의 동물이 불쌍하다고 느끼는 사람들은 동물원을 어떤 곳이라고 생각할까요?

동물원의 역사는 야만적인 인간의 역사

동물원은 제국주의의 상징

최초의 동물원을 추적하다 보면 인간이라는 종에게 동물을 좋아하는 마음이 깃든 이유는 어쩌면 본능이 아닐까 하는 생각이 듭니다. 동물에게 다가가고 싶어 하는 인간의 흔적은 시대를 달리하며 역사 속에서 계속 이어지거든요. 다가가다 못해 동물들을 인간 곁으로 끌어들이려고 갖은 애를 쓰지요. 동물을 쉽게 이용하기 위해 데려다 기른 것이 가축화의 시작이지만, 결과적으로 가축화가 된 것이지 처음부터 가축이라는 존재를 만들려는 의도로 동물을 곁에 둔 것은 아니라는 추론이 합리적이에요. 아마도 처음에는 어려서 길들이기 좋은 새끼 동물을 데려다 기르고 아이처럼 예뻐했을 거예요. 자신과 다른 종의 새끼를 데려다 기르는 동물이 인간만은 아니라는 점에서도 상상할 수 있는 장면입니다.

야생동물을 가까이 두고 싶은 욕망을 현실화할 수 있는 사람은 드물어요. 19세기부터 동물원이 대중에게 개방되면서 사람들은 동물원에 가면 희귀한 야생동물을 볼 수 있게 되었지요. 그러나 그 전에는 막대한 재화와 권력을 가진 극소수만이 '동물원'을 소유하고 야생동물을 즐겼습니다.

오늘날에도 코끼리를 옮기는 것은 바로 옆 동네라 해도 어려운 일인데, 이미 기원전 2400년에 '우르'라는 초기 제국에는 동물원을 만들 수 있는 권력자가 등장했습니다. 기원전 1500년에는 이집트 제국의 하트셉수트 여왕이 아프리카 전역의 동물들을 모아 전시했고, 기원전 1000년에 주나라 문왕은 '지혜의 정원'이라고 부르는 동물원을 만들어 제국 곳곳의 동물을 모아 기르며 연구했어요. 이처럼 최초의 동물원들은 거대한 땅덩이를 군사력으로 장악한 권력이 등장해 자신의 권력과 힘을 과시하려는 의도에 따라 생겨나기 시작했습니다.

최초의 근대식 동물원

최초의 근대식 동물원은 1752년에 지어진 오스트리아 빈의 쇤브룬동물원입니다. 자연과학에 관심이 많았던 프란츠 1세는 아내인 마리아 테레지아에게 선물하기 위해 궁전 정원에 이 동물원을 만들었어요. 마리아 테레지아는 합스부르크 왕가의 마지막 군주로, 오스트리아·헝가리 제국의 넓은 영토를 가진 강력한 통치자였지요.

이 두 사람의 아들 요제프 2세 역시 거대한 제국과 그에 딸린 동물원을 물려받아 전 세계에 동물을 수집하러 다니곤 했습니다. 1828년 요제프 2세가 쇤브룬동물원에 기린을 들여오자 이국적이고 아름다운 기린의 모습은 화제가 되었어요. 빈 전역이 기린 패션으로 들썩였고, 〈빈의 기린〉이라는 연극까지 유행할 정도였지요. 이는 1824년 파리에 기린이 도착했을 때와 똑같은 현상이었어요. 뒤이어 19세기에 스페인, 영국 등 유럽의 열강이 지배하는 곳에는 근대식 동물원이 속속 들어섰습니다.

유럽의 열강과 동등하게 제국이 되고자 했던 일본도 1882년 도쿄에 우에노동물원을 시작으로 동물원을 만들기 시작했고, 그 식민지였던 조선에도 창경궁을 허물고 최초의 동물원인 '창경원'을 만들었습니다. 왕이 살던 궁궐을 허물고 동물원을 짓다니, 왕을 곧 나라처럼 떠받들던 조선 사람들에게는 정말 치욕스러운 일이었지요. 그럼에도 창경원은 오랜 세월 나들이 장소로 각광을 받았습니다.

박정희 정권 말기에 창경원을 과천의 서울대공원으로 옮기기 시작했어요. 애초에 서울대공원의 동물원은 8만 3,000평(약 27만

DOG
ANIMAL BOOK

4,000제곱미터) 규모로 계획되고 있었어요. 그런데 72만 평(약 238만 제곱미터)에 이르는 평양의 중앙동물원보다 더 큰 동물원을 만들어야 한다는 이유로 갑자기 88만 평(약 290만 제곱미터) 규모의 동물원으로 계획을 변경해 완성했지요. 동물들에게 살기 좋은 환경을 만들어 주기 위해 부지를 크게 잡은 것은 아니었습니다. 그렇게 커진 서울동물원은 1984년에 과천에서 다시 개장했고, 지금까지 국내 최대 동물원으로 이어져 오고 있어요.

'인간 전시'와 '동물 전시', 현재 진행형의 역사 속에서

이렇게 역사적 얼개만 훑어보아도 동물원이 누구의 필요에 따라 탄생했는지 알 수 있어요. 동물원의 역사를 설명하려면 제국주의라는 개념과 그 역사를 말하지 않을 수 없습니다.

제국주의란 어느 국가가 다른 나라에 군사적·정치적으로 침입해 하나의 세력으로 지배하려는 정책이나 사상을 말해요. 이 개념은 19세기부터 널리 쓰이게 되었는데, 이는 동물원이 널리 퍼져 나간 시점과 같아요. 강력한 총칼을 앞세우고 일방적으로 약자를 침탈해 편의대로 해석하고 연구하는 과정은 인간 대 동물이라는 뭉툭한 일반화로는 설명이 부족합니다.

제국은 피식민지의 인민을 하등 집단으로 규정하기 위해 '민족'이라는 개념을 끌어왔어요. 유전학적으로도 고고학적으로도 민족의 구성은 실체가 없는 허구였죠. 오히려 우등한 민족과 열등한 민족을 상정해 식민지 지배를 합리화하려는 의도가 담긴 발상으로 시작되었던 것입니다. 예컨대 일본 제국주의 강점기에 조선인의 '민족성'을 규정하려는 시도는 침탈과 지배가 필요하며 좋은 것이라는 정당화에 유용하게 이용됐습니다. '민족'이라고 묶은 집단에 비인간 동물의 특성을 부여했던 역사는 인간이 야생동물을 좁은 곳에 가두고 전시하며 연구하는 행태와 서로 닮아 있지요.

이런 맥락에 정점을 찍은 사건은 최초로 동물원 사업을 했다고 알려진 동물상 카를 하겐베크가 동물원에 인간을 전시한 일이었습니다. 하겐베크는 독일제국에서 태어나 야생동물 상인이던 아버지를 이어 전 세계의 야생동물을 잡아다 사고파는 일을 했어요. 그에게는 대중을 더 자극할 만한 전시가 필요했고, 급기야 순록을 기르며 살아가는 사미인(Sami)과 폴리네시아의 사모아인(Samoa)을 동물원의 순록 전시장에 전시하기 시작했습니다.

그 전에도 노예상들이 인간을 전시하며 '문명화된 유럽인'과 '야만적인 비유럽인'을 비교하는 행태는 있었지만, 동물과 인간을 함께 전시하는 일은 처음 있는 것이었어요. 이내 유럽과 북아메리카 동물원 곳곳에서 비서구인 전시가 유행처럼 번져 나갔고,

1930년대 들어서야 유행이 끝났어요. 그러나 2000년대에 들어서서도 동물원에서는 〈아프리카 마을〉과 같은 인종주의적 전시를 간헐적으로 이어 갔습니다.

한국의 동물원에서도 특정 지역 원주민을 대상화해 동상을 세우는 유형의 인종주의적 전시를 볼 수 있어요. 경제적 이유로 이주민들이 늘고 있는 현실에서도 특정 지역 출신 사람들을 제도적·문화적으로 천대하는 모습은 여전합니다.

미국의 브롱크스동물원은 1906년에 피그미 청년을 침팬지와 함께 철창 안에 가두어 전시했어요. 전시가 끝나고 피그미 청년이 스스로 목숨을 끊었고, 동물원 측은 이 사건에 대해 2020년이 되어서야 비로소 공식적으로 사과를 했습니다.

제국주의의 역사와 함께 시작된 동물원에는 야생에서 잡혀 온 동물들이 여전히 갇혀 있어요. 인간을 물리적으로 동물원에 전시하는 일은 다시 일어나지 않겠지만, 인간은 가두면 안 되고 동물은 가둬도 된다는 명쾌한 윤리적 근거를 우리는 아직 찾지 못했습니다. 다만 이미 갇혀 있고, 이제는 야생으로 돌아가 살 수 없는 동물들을 어떻게 해야 할지 깊이 고민해야 할 때입니다.

코로나 팬데믹 이후, 동물원 동물의 삶이 바뀌고 있다

동물원, 다시 주목받기 시작하다

한국에서 동물원의 역사가 100년 넘게 이어지는 동안 이 나라에는 동물원을 관리하는 법률이 하나도 없었어요. 2016년에 가까스로 법이 만들어졌지만 동물원 업계의 반발로 동물원이 동물 복지를 지켜야 한다는 주요 내용은 모두 삭제되고 껍데기만 남게 되었지요. 그래서 누구나 동물을 사서 동물원 등록을 하면 동물을 어떻게 돌보든 상관없이 동물원을 차릴 수 있었습니다. 동물원을 차려 장사를 하려는 사람들은 빠르게 늘어났고, 그들을 막을 방법은 동물원법 개정뿐이었지요.

저도 '동물원 및 수족관의 관리에 관한 법률(이하 동물원법)'을 개정하는 일을 조금씩 돕고 있는데, 2019년까지만 해도 발의만 되고 계속 국회에 계류되다가 폐기되는 힘 빠지는 상황이 되풀이되었습니다. 국회의원이나 정부가 법안을 발의하면 국회에서 통과되어야 비로소 입법이 되고 법적 효력이 발생해요. 하지만 20대 국회에서는 국회의원들이 정쟁에 몰두하느라 국회가 법안을 심사하지 않았고, 수많은 입법안이 무산되고 말았습니다. 동물원 동물들에게나 도움이 될 뿐, 동물원 업계가 심하게 반발하는 동물원법 개정에 국회의원들은 별로 관심이 없었습니다.

동물 보호에 관심 있는 사람들도 동물원은 없어져야 마땅하다고만 할 뿐이지, 동물원이 구체적으로 어떻게 바뀌어야 하는지, 그 안에 살고 있는 동물들은 어떻게 다루어야 하는지에는 관심이 없었어요. 극소수의 동물 보호 활동가들이 법 개정을 위해 고군분투하는 모습은 절망적일 정도였지요. 그런데 기회는 재앙이 던져줬습니다.

코로나19 팬데믹은 모든 분야에 강력한 영향을 끼쳤습니다. 그 대부분에 대해 부정적인 평가를 하고 있지만, 동물원에는 긍정적인 면에서 상당한 변화를 이끌어 냈어요. 무엇보다 이번에 유행한 코로나19바이러스 감염이 박쥐에서 시작됐다는 연구 결과가 기후변화, 생태 파괴, 그에 따른 야생동물과의 접촉과 감염 기회 증가 위험성에 대해 사람들에게 다시 한번 경각심을 일깨워 주었던 거예요. 야생동물을 함부로 잡아먹거나 기르는 일이 이번 코로나19 팬데믹의 직접적인 원인이 될 수 있다는 사실이 알려지면서 우후

죽순처럼 늘어나던 체험형 유사 동물원의 급성장에도 제동이 걸렸지요.

이제 시작이다, 동물원법 개정

야생동물들이 해외에서 국내로 수입될 때 질병을 걸러 낼 검역 절차가 사실상 없다는 점, 방역 당국은 물론이고 어떠한 주체도 수입된 뒤 국내에서 유통되는 야생동물의 경로를 파악하지 못한다는 점, 서로 종류가 다른 야생동물들이 좁은 실내 공간에서 함께 사육되면서 질병을 공유할 가능성이 있다는 점 등이 수면 위로 드러나면서 어린아이를 데리고 동물을 만지러 가던 사람들을 흠칫 놀라게 했지요. 그동안 아이를 데리고 유사 동물원을 찾던 보호자들은 동물 학대가 조금 마음에 걸리긴 해도 아이들이 좋아할 것 같아서 데리고 갔을 것입니다.

유사 동물원에 대한 우려와 비판 여론이 높아지자 동물원을 담당하는 환경부에서도 더 이상 팔짱만 끼고 있을 수 없었습니다. 국무총리와 국무조정실이 나서서 야생동물 질병 문제를 해결하라고 닦달을 하기도 했고, 국회의원들도 경쟁하듯 동물원법 개정안을 발의했습니다. 아무도 관심을 가지지 않아 '과연 희망이 있는 걸까?' 낙담하던 때가 있었는데, 야생동물에게서 인간에게로 감염된 것으로 추정되는 인수 공통 감염병이 나타나면서 동물원 안에 방치되던 동물들의 삶을 조금이나마 낫게 만들어 줄 수 있는 일이 벌어진 거죠.

동물원법을 한 차례 개정한다고 해서 동물원의 동물들이 모두 행복해지거나 그저 돈벌이 수단으로 동물을 이용하던 동물원들이 한순간에 사라지는 일은 벌어지지 않을 거예요. 아무런 규제도 없이 야생동물로 장사를 하던 관행이 이제 아주 살짝 규제를 받는 정도의 발전일 테지요. 그러나 분명히 의미 있는 진전이고, 21대 국회에서는 한국의 동물원법이 개정되리라 믿습니다.

많은 동물원이 코로나19 방역 대책으로 강제 휴업을 해야 했습니다. 특히 좁은 공간에 밀도 높게 동물들을 전시하던 실내 동물원들은 동물들을 괴롭혔던 '좁은 실내 공간'이라는 점 때문에라도 감염병 팬데믹 상황에서 영업을 하기에는 취약할 수밖에 없었습니다. 좁은 실내에 많은 사람들이 모이면 안 되니까요. 폐업하는 실내 동물원이 하나둘 생겨났고, 대구의 한 실내 동물원은 언론 인터뷰를 통해 경영난으로 동물들이 굶어 죽는다는 사실을 스스로 인정하고 공개적으로 도움을 요청했습니다.

뉴스가 나가자 동물들을 가엾게 여긴 사람들이 동물들이 먹을 먹이를 보내 주기도 했지만, 그와 동시에 해당 업체의 읍소가 악

어의 눈물이었음이 알려졌어요. 영업이 잘되었을 때에도 동물을 괴롭히던 곳이라는 사실도 함께 밝혀졌거든요.

코로나 시대 동물원의 '뒷방'에서는

문을 닫은 동물원에서 무슨 일이 일어나는지 알기는 어렵습니다. 사람이 갇혀 있다면 도망이라도 쳐서 폭로할 테지만, 동물원에 갇혀 죽어 가는 동물들은 사체마저 찾을 길이 막막합니다. 경영난을 겪는 실내 동물원들은 사료비를 대지 못해 동물들을 굶겨 죽이거나 다른 동물원으로 동물을 팔아넘기려다가 이동 중에 동물들이 떼죽음을 당하기도 했어요.

화려하게 꾸민 동물원에서 눈앞의 야생동물들에게 먹이를 주고 만지며 기뻐하던 사람들이 상상도 할 수 없는 이러한 장면이 우리가 볼 수 없는 공간에서 일상적으로 일어나고 있습니다. 동물들을 전시하는 공간에는 기암괴석에 폭포수가 흐르고 훤칠한 나무가 있을지 모르지만 사실 동물들에게는 아름다운 조경이 대단한 의미를 갖지 않아요.

앞서 이야기한 독일의 동물상 하겐베크는 동물 입장에서 보면 악마일 수 있지만, 동물원 업계에서는 기상천외한 아이디어로 동물원의 발전을 이끈 사람입니다. 그는 이미 1900년대 초에 동물원 방문객이 창살을 불편해한다는 점을 간파했어요. 그가 만든 하겐베크동물원은 최초로 창살이 보이지 않는 '몰입 전시 기법'을 사용한 곳이에요. 방문객에게는 보이지 않는 구덩이를 파고 그 안에 물을 채워 동물이 탈출하지 못하게 하는 기법이지요.

창살이 보이지 않고 동물이 마치 자연 속에 있는 것처럼 보이면, '야생동물의 생태를 교육'해야 하는 동물원의 입장에서는 정당성을 조금 더 얻게 됩니다. 그러나 동물의 입장에서 생각해 보면, 창살이 보이지 않는다고 해서 더 자유로워지는 것은 아니지요. 동물이 살아야 하는 공간은 달라지는 것이 없습니다. 우리가 볼 수 있는 동물원의 모습은 '보여 주기 위해 연출한 장면'이라는 뜻이에요.

방문객의 마음을 편하게 해 주는 것이 중요하기 때문에, 동물원에서는 되도록 아픈 동물을 보여 주지 않습니다. 꼭 아픈 동물이 아니더라도 동물이 여러 마리라면 가장 보기 좋은 동물을 전시하고 나머지는 '뒷방'이라고 부르는 공간에서 길러요. 작은 동물원이야 전시 공간조차 제대로 갖추지 못하는 실정이라 뒷방이 없는 곳도 있지만, 큰 동물원에서는 종에 따라 뒷방에 더 많은 동물을 가두어 두기도 해요.

뒷방 공간은 방문객의 마음을 편하게 해 주는 일과 상관이 없어서 대체로 보기에 좋지 않습니다. 동물원을 좋아하는 사람도 이 공간을 보고 나면 동물원을 싫어하게 될지 몰라요. 외부에 공개되지 않는 곳은 동물원과 사육사의 재량에 따라 동물이 지내기 부적절한 공간이 되기도 하거든요. 너무 좁거나 볕이 들지 않거나 바람이 통하지 않는 곳, 심지어 지하에 뒷방을 만드는 동물원도 있습니다.

코로나19로 전 세계의 동물원들이 하나둘 문을 닫는 동안 동물원에 관한 뉴스는 크게 두 가지였어요. 방문객이 없어서 동물원들이 경영난에 빠졌다는 소식과 방문객이 없어서 스트레스가 사라진 동물들이 행복해한다는 소식이었지요. 둘 다 사실입니다.

독일의 한 동물원은 먹이값을 대기 어려워 전시 중인 동물들을 차례로 안락사해서 다른 동물들의 먹이로 쓰겠다는 계획을 발표하기도 했어요.

동물원의 동물들에게 방문객은 생존에 없어서는 안 될 존재이기도 하지만, 동시에 주요한 스트레스 원인이기도 합니다. 수많은 사람이 집 앞에 찾아와 소리를 지르고 큰 동작으로 뛰어다니는 것을 반길 집주인은 아무도 없을 거예요. 왜 우리 집 앞에서 저러는지 영문도 모르는 채 겪어야 하는 동물들 입장은 어떨까요? 어쩌면 사람들보다 더 힘들 수 있습니다.

코로나19는 일시적이나마 동물원 동물들을 이런 스트레스에서 벗어나게 해 주고 있습니다. 그러나 경영난으로 어려워진 동물원의 뒷방에 있는 동물들은 누구도 책임지지 않아요. 코로나19로 동물원의 동물들이 행복해한다는 뉴스가, 우리가 알고 있는 이야기가 전부가 아닐 수도 있다는 뜻입니다.

동물 복지를 공부한 수의사가 바라본 동물원

수의사는 항상 동물의 입장을 먼저 생각할까?

수의사는 아픈 동물의 질병을 진찰하고 치료해 아프지 않게 해 주는 직업이에요. 직접 주사기와 칼을 들고 치료를 할 수도 있고, 더 많은 동물이 아픔에 빠지지 않도록 역학조사를 하고 정책을 만들기도 하지요. 실험실에서 질병 검사와 연구만 하는 수의사도 있습니다. 인류는 동물을 아프지 않게 하려고 수의사라는 직업을 만들었지만, 최종 목표가 동물의 아픔을 낫게 하는 것은 아니에요. 그보다는 오히려 동물을 건강하게 만들어 인간이 잘 이용하려는 목적이 뚜렷합니다. 요즘은 야생에 사는 진짜 야생동물을 치료해서 다시 야생으로 돌려보내는 수의사도 생겼지만, 몇 명 안 되는 야생동물 수의사를 제외하면 수의사들은 모두 사람이 기르는 동물을 사람의 요구에 따라 치료합니다.

그래서 이 책을 읽는 여러분이 수의사들은 늘 동물의 입장에서 이야기할 거라고 기대한다면 실망할지도 몰라요. 동물원에서 일하는 수의사도 동물을 가장 우선으로 생각하지 않을 수 있어요. 동물원에 쓸모 있는 동물이어야만 시간과 비용을 충분히 들여 치료하니까요.

여기서 '쓸모'란 무엇보다 멋있거나 예쁘거나 귀여워서 전시할 만한 가치가 있다는 뜻이고, 그다음으로는 멸종 위기 동물이나 희귀 동물이라서 종 보전이나 보유 자체로 의미가 있다는 뜻입니다. 예를 들어, 흔해 빠진 토끼라든지 햄스터, 앵무새, 개구리, 금붕어 같은 동물들은 너무 작아서 진료가 어렵기도 하고 비용도 많이 들어서 진료를 할 바엔 새로 동물을 사는 쪽을 택하기 쉽습니다.

특히 영리 목적으로 운영하는 동물원은 값싼 동물을 새로 사는 쪽을 택하지요. 안타깝지만 그건 동물원의 본질에 걸맞은 선택입니다. 양계장에서 아픈 닭을 일일이 치료하기보다 어느 정도 비율로 닭이 죽을지 미리 계산해 놓는 것과 같은 이치예요. 양계장에 진료할 수 있는 의사가 없어서 닭들이 날마다 죽어 나가는 것이 아니랍니다. 동물원의 순기능으로 자주 거론하는 종 보전이나 연구, 교육 역시 인간의 필요일 뿐 동물원에 갇혀 사는 동물들이 이것을 이해할 리 만무합니다. 게다가 그들을 행복하게 하는 일과는 거리가 멀죠.

동물원을 바꾸려는 사람들

현실적으로 수의사가 바라보는 동물원은 보통 사람들의 시각보다 덜 낭만적일 수 있습니다. 동물원에 속한 수의사라면 동물원이라는 기관의 목표에 맞는 일을 하는 구성원 중 하나이기 때문이지요. 종 보전이나 연구, 교육 등을 이유로 동물들을 왜 동물원에 가두었는지를 조금이라도 정당화할 수 있다면 그나마 나은 경우입니다. 그저 사람들에게 다양한 야생동물을 구경시키는 목적 이상으로 나아가지 못하는 동물원이 아직은 훨씬 많기 때문에 그곳에서 일하는 수의사들 역시 동물의 건강을 지켜서 동물원의 수익을 유지하는 것 이상의 고민을 하지 않습니다.

그래도 동물원을 바꾸려는 사람들도 있어요. 그런 사람들 중에 수의사도 있지요. 동물원처럼 동물 전시를 목적으로 하는 것이 아니라 동물을 보호하는 것을 궁극적인 목표로 삼는 시설로는 야생동물보호소가 있어요. 야생에 사는 야생동물이 다쳤을 때 치료해 주고 잠시 돌보다가 다시 야생으로 돌려보내는 '야생동물구조센터'와 구분하기 위해 국제적으로 통용되는 '생추어리(sanctuary)'라는 다소 낯선 이름으로 부르기도 해요.

생추어리는 야생으로 내보낼 수 없는 야생동물, 예컨대 동물원이나 농장에서 태어난 야생동물을 죽을 때까지 보호하는 것이 최종 목표인 시설이에요. 제가 활동하고 있는 '곰 보금자리 프로젝트(Project Moon Bear, projectmoonbear.org)'는 야생동물이지만 웅담 채취를 용도로 농장에서 기르는 사육 곰들을 보호하기 위해 생추어리 건립을 주장하고 있습니다.

저는 대다수의 동물원을 생추어리로 바꿔야 한다고 생각합니다. 동물원은 동물을 이용하는 곳이 아니라 보호하는 곳이어야 하지 않을까요? 동물원의 기능 중 대부분을 차지하는 '전시'를 완전히 포기하지 않고 차순위로 하더라도 동물원이 생추어리로 바뀌면 동물을 보호하는 곳이 될 수 있습니다. 그렇게 되면 동물원에서 동물을 돌보는 사람들의 태도 또한 동물을 '수단'으로 여기던 경향이 '목적'으로 여기도록 바뀔 수 있어요. 사육사나 수의사의 역할도 새롭게 부여될 수 있고요.

동물원 동물에게는 남은 삶이 있다

동물원은 크게 두 가지 윤리적 관점에서 비판할 수 있습니다. 동물에게 자유로울 권리가 있으니 야생에 풀어줘야 한다는 '동물 권리 관점'과 동물원에서 살고 있는 동물의 삶의 질이 나쁘니 개선해야 한다는 '동물 복지 관점'입니다. 동물원에서 태어난 동물들은 대부분 야생으로 돌아갈 수 없는 반쪽만 야생동물이에요. 사실상 야생으로 돌아갈 수 있는 동물은 거의 없습니다. 그러므로 동물원을 완전히 없앤다는 동물 권리 관점의 비판을 수용하든 그렇지 않든, 종국에는 동물원을 모두 폐쇄한다는 계획을 세우더라도, 그동안은 동물원 안에서 살고 있는 동물들을 어떻게 하면 잘 돌볼 수 있을지 고민해야 하는 의무는 항상 존재해요.

다행히 동물원을 바라보는 우리 사회의 분위기가 급격하게 '동물 구경'에서 '동물 보호'로 넘어가는 것으로 보여요. 여전히 딴 세상에 사는 사람도 있지만, 동물이 누리는 삶의 질에 관심을 가지는 사람이 더 많이 늘어난다면 동물원 동물들은 그만큼 더 살 만한 삶을 살 수 있을 것입니다.

7

동물 보호 운동, 한 걸음 더 세상 속으로

여러분은 '동물 보호 운동'이라는 말을 들으면 어떤 장면이 떠오르나요? 또 어떤 사람들의 모습이 떠오르나요?

동물을 사랑하는 사람들은 우리가 사는 세상 사람 모두가 동물을 존중하기를 바라는 마음으로 사회적 논의를 발전시키는 과정에서, 또는 평범한 일상에서 동물 보호 운동을 하곤 합니다. 또 제도적으로 동물을 어떻게 대우해야 할지 함께 고민하는 사람들이 늘어나고, 그 힘으로 동물 복지를 위한 법을 만들기도 하지요.

동물을 대하는 태도는 동물을 위한 것이기도 하지만 모든 사회적 약자를 대하는 최저선이 되기도 합니다.

동물 보호 운동을 시작한 사람들

동물 보호 운동의 시작

18세기 말, 유럽의 주류 국가들은 전 세계에 식민지를 건설하는 중이었고, 그곳의 다양한 동물을 연구하는 학문도 자연스럽게 발달했습니다. 철학자를 포함한 상류계급 유럽인들은 동물과 사람이 얼마나 비슷하게 느끼는지를 지식으로 알게 되었습니다.

반면 현실에서 소에게 일을 시키거나 돼지를 잡는 사람들은 하층민이었어요. 인류가 동물을 가축화해 가며 착취하던 역사는 무척 오래됐지만 직접 동물을 만지지 않던 소수의 상류계급 사람들은 동물을 고통스럽게 하지 않아도 자신의 삶을 유지할 수 있었지요. 그래서 귀족들은 동물을 괴롭히는 일을 '나쁜 것'으로 여기기 쉬웠습니다.

동물 학대를 금지하는 최초의 법들이 발의되고 시행될 때 동물을 괴롭히며 생존해야 했던 '보통 사람들'은 동물 학대를 금지하는 것을 두고 희한한 일이라고 비웃었습니다. 사람들도 학대당하고 죽어 가는 마당에 사람보다 먼저 동물 보호를 이야기하는 귀족의 법안이 꼴사나웠겠지요. 사람들은 당나귀가 법정에 선 그림을 그리며 귀족들을 비꼬았습니다.

사람보다 동물을, 특히 누군가가 아끼는 특정 동물을 불특정 다수의 사람보다 더 귀하게 여기는 것은 분명히 불쾌하고 비윤리적일 수 있습니다. 표면적으로는 동물과 사람의 도덕적 지위를 같게 놓는 것이 사실상 동물을 사람보다 우위에 놓는 효과를 낳기도 하니까요. 아주 오래전으로 거슬러 올라가지 않더라도 사람보다 동물을 귀하게 여겼던 예는 쉽게 찾아볼 수 있어요. 유대인을 박해하고 집단 학살한 히틀러를 포함한 나치주의자들은 환경주의자이면서 동시에 동물 복지를 중요한 문제로 여겼습니다. 인간중심주의를 거부하면서 동물 자체의 이익을 보호하기 위한 동물 보호법을 제정하기도 했지요.

그러나 동물 보호법의 효과가 반드시 인간 약자에게 나쁘게 나타난 것은 아니에요. 실제로 영국에서는 아동 보호법(1908년 최초 제정)보다 동물 보호법(1822년 제정된 소 학대 방지법)이 먼저 제정됐고, 미국의 아동 보호법도 동물 보호법에 많은 부분을 의존하며 뿌리를 함께하지요. 다시 말해, 동물 보호법이 사회의 가장 밑바닥에 있는

'동물'이라는 존재를 보호하면서 그 위에 있는 보통 사람들도 보호해야 한다는 인식을 퍼뜨려 준 셈입니다.

동물 보호법들이 생겨나기 전에도 동물을 다치게 하거나 죽이는 것은 타인의 '사유재산'을 손상하는 일이기에 죄가 될 수 있었습니다. 그러나 동물 보호법은 동물에게 해를 가하는 일 자체가 나쁘다고 규정하기 시작했어요. '주인에게 손해'라서 나쁜 게 아니라요. 처음에는 몇몇 동물학자나 철학자가 동물도 사람처럼 고통을 느끼는 존재라는 주장을 펼쳤지만, 점차 사회 전체가 그 주장을 받아들이게 된 것이죠. 그리고 더 많은 사람이 동물을 배려할 수 있게 된 것은 먹고살 만해져서 동물까지 걱정할 수 있는 사람이 많아졌다는 뜻이기도 해요.

이렇게 소수의 의견이었던 동물의 고통을 사회가 받아들여 제도로 보호하기까지는 동물 보호 운동가들의 피와 땀이 필요했습니다. 그 결과, 우리는 동물 보호법과 동물 복지법이 존재하는 세상을 살게 되었지요. 그러나 지금도 동물 보호 운동가들은 동물에게 고통을 주는 일이 도덕적으로 잘못된 것이기 때문에 금지해야 한다고 이야기하고 있어요. 왜냐면 아직도 동물의 고통에 귀 기울이지 않는 사람들이 많기 때문입니다.

동물 애호가에서 동물 보호 운동가로

동물을 좋아하는 사람이 점점 많아지고 있습니다. 심심할 때 소셜 미디어로 귀여운 동물 사진이나 동영상을 찾아 보는 사람들이 많아졌고, 심지어 그런 영상에서 위로를 받는 사람들도 많다고 해요. 사람들이 이렇게 동물을 좋아하게 된 이유로는 여러 가지 분석이 있습니다.

소득의 증가, 1인 가구의 증가 등 사회적 이유가 있는 것은 분명합니다만, 어린아이들이 동물에게 호기심을 보이는 모습을 보면 인류의 진화 과정에서 동물에 관심을 가지는 것이 생존에도 유리한 점이 있었으리라는 생각이 듭니다. 동물의 생태를 잘 관찰하고 알아야 동물을 잡아먹거나 이용하는 데 유리했을 테니까요. 생태학자 에드워드 윌슨은 "다른 생명과 생명의 과정에 집중하려는 내재적인 경향"을 '바이오필리아(biophilia)'라고 이름 붙이고 인간의 본능에 대한 가설을 세우기도 했어요.

동물에 대한 관심은 동물을 잘 이용하기 위해 시작되었겠지만, 인류가 절대 빈곤에서 벗어나고 동물을 도덕적으로 대우해야 한다는 동물 윤리가 정립되면서 우리는 단지 동물을 잘 착취하는 방법뿐 아니라 어떻게 해야 동물이 덜 고통스럽고 더 행복할지 고민하는 단계에 이르렀습니다.

가축화나 환경 파괴로 동물 착취의 규모가 더 커지고 체계화되면서 동물 보호에 대한 고민도 체계를 잡아 가기 시작했어요. 단지 동물을 좋아하기만 하던 사람들은 왜 동물들이 고통받는지를 구조적으로 고민했고, 결국 자신의 동물을 잘 돌보는 것 이상의 행동을 해야 한다고 생각했지요.

1824년 세계 최초의 동물 보호 운동 단체로서 영국의 동물학대방지협회(SPCA, Society for the Prevention of Cruelty to Animals)가 등장했습니다. 19세기 초는 영국에서 여우 사냥, 소-개 싸움, 곰-개 싸움, 닭싸움 등에 반대하는 목소리가 귀족, 성직자, 의회 의원 등을 중심으로 나오기 시작한 시기였어요. 목사였던 아서 브룸이 다니던 신학교에서는 동물을 함부로 대하는 것이 죄라는 입장을 가르쳤고, 이에 영향을 받은 브룸은 동물 복지에 관심 있는 개혁 성향의 귀족들을 모아 SPCA를 만들었습니다.

이를 신호탄으로 동물 보호 운동이 유럽과 북아메리카에 영향력을 가지기 시작했지요. 이때부터 근대적 의미로 동물을 연구하고 가축과 실험동물, 동물원으로 산업을 먼저 형성한 서구권에서 동물 보호 활동을 하는 단체들이 만들어졌고, 실제로 동물 보호·복지에 관한 법률이 제정되기에 이릅니다.

19세기는 귀족 중심의 정치체제에서 부르주아 민주주의에 대한 열망으로 유럽이 들끓기 시작한 시기였어요. 중간계급이던 사람들이 참정권을 가지기 위해 정치 운동을 시작했고, 여성과 노동자는 사회적으로 여전히 소외되어 있었지만 여성운동과 노동운동을 통해 스스로 권리를 외치기 시작했지요. 동물 보호 운동이 비록 귀족 중심으로 시작되었지만, 사람과 동물인 약자의 목소리가 함께 울려 퍼지는 시기이기도 했답니다.

세계의 동물 보호 단체

앞에서 언급했듯이 동물 보호 운동은 영국에서 가장 먼저 시작되었어요. 동물학대방지협회는 1840년 빅토리아 여왕의 후원으로 '왕립 동물학대방지협회(RSPCA, Royal Society for the Prevention of Cruelty to Animals)'로 격상되었고, 오늘날까지 영국의 동물 보호 운동에서 가장 중요한 축을 맡고 있습니다. 정책 입안뿐 아니라 동물 학대를 수사하고 기소까지 하는 권한, 즉 수사권과 기소권도 갖고 있지요. 동물 학대를 발견한 사람이 RSPCA로 신고하면 RSPCA 직원이 직접 나가 현장을 조사하고, 학대라고 판단될 때 기소를 합니다. 한국으로 치면 경찰에게도 없고 검찰만 가지고 있는 고유의 권한을 동물 보호 단체가 가지고 있는 거예요.

한국에서는 검찰과 사법경찰이 수사권과 기소권을 독점하고 있어서 생소하겠지만, 세계의 많은 나라에서는 동물 보호를 전담하는 경찰 제도를 시행하고 있습니다. 우리가 잘 알고 있는 미국의 FBI도 동물 학대를 반사회 범죄로 주요하게 다루며 전담반을 두고 있어요. 동물 보호 단체들은 이 모든 정책과 법안을 만들고 운영하는 데 과학적 근거를 마련하고 동물 복지를 증진하는 중요한 역할을 하고 있습니다. 그래서 동물에 대해 잘 아는 연구자와 수의사, 변호사 같은 전문가들이 동물 보호 단체에서 활동하고 있지요.

오늘날 동물 보호 단체의 경향은 기존 제도에 대한 태도를 기준으로 크게 두 가지로 나눌 수 있습니다. 동물법률보호기금(ALDF, Animal Legal Defense Fund)과 미국의 휴메인소사이어티(HSUS, Humane Society of the United States)처럼 기존의 정치적·법적 제도 아래에서 동물의 권리를 지지하는 활동을 하고 있는 단체들입니다. 이들은 인간이 살고 있는 사회가 현실에서 동물을 어떻게 대우할지 대안을 제시하고, 제도나 관행을 개선하기 위한 활동을 주로 하지요. 물론 가장 큰 단체들은 유기 동물이나 야생동물을 보호하는 곳입니다. 법적으로 보호받아야 할 동물들을 더 적극적으로 보호하는 활동을 하지요.

반면에 동물해방전선(ALF, Animal Liberation Front)처럼 직접적으로 동물 학대 시설을 파괴하고 사람을 공격하는 저항 단체들도 있습니다. 이들은 우리가 살고 있는 사회가 동물을 착취하는 구조 위에 기반

하기 때문에 더 급진적인 운동으로 동물을 해방해야 한다고 믿지요.

또 하나 나누는 방식은 동물 복지 단체와 동물 권리 단체입니다. 한국의 동물 보호 단체는 이 기준으로 명확하게 나누기 어려운 곳이 많고, 대부분 동물권(리) 단체를 표방하면서 실제로는 동물 복지를 주장하는 경우가 많습니다. 동물 보호 운동의 역사가 긴 문화권에서는 동물의 용도와 같은 인간-동물 관계에 따라 어떤 동물에게 권리를 부여할지, 어떤 동물에게 고통을 최소화하는 일정 수준의 복지를 제공할지 등을 윤리적이고 과학적인 근거에 기반해 주장합니다. 그래서 예를 들어 농장 동물의 복지를 전문적으로 연구하는 단체가 있는가 하면, 비인간 동물의 인격적 권리를 법적으로 부여하자고 하는 변호사 중심의 단체도 있습니다.

영국의 국제농장동물보호단체(CIWF, Compassion in World Farming)는 전 세계 농장 동물의 복지 증진을 위해 배터리 케이지 사용 금지, 돼지 스톨(분만틀) 사용 금지 등을 내용으로 하는 법 제정을 이끌며, 지속 가능한 윤리적 축산과 동물 복지를 연구합니다. 미국의 비인간권리프로젝트(Nonhuman Rights Project)는 유인원, 코끼리, 돌고래, 고래처럼 인지능력이 인간과 비슷한 동물들에게 인격이 있다는 전제로 이 동물들을 대리해 소송을 진행하는 단체입니다. 궁극적으로 법 개정을 이루어 동물들에게 법적 권리를 부여하려는 목적을 가지고 있어요.

한국의 동물 보호 운동

어떤 동물을 보호하는 운동인가요?

동물 보호 운동이니 당연히 동물을 보호하자는 주장이겠지요. 뻔한 이야기를 하려는 것은 아닙니다. '동물 보호 운동'이라는 단어를 한번 검색해 보세요. 검색 결과를 보면 우리 사회에서 보호하고자 하는 동물이 개와 고양이밖에 없는 것처럼 느껴질 수 있습니다. 대부분의 검색 결과가 '유기 동물'이나 '반려동물', '동물 보호소', '육견 농장' 같은 단어들을 포함할 테니까요.

개, 고양이와 같은 반려동물은 집 안에서 가족처럼 함께 사는 동물이 되었기 때문에 대중이 느끼는 감정적 거리가 농장 동물이나 실험동물, 동물원 동물보다 훨씬 가깝습니다. 사람과 교감하는 능력이 다른 종보다 훨씬 발달한 동물들이기도 하고요. 그래서 우리는 불쌍한 개나 고양이의 사진을 보고 쉽게 동정심을 느낍니다.

반려동물 종에 동정심을 가지는 사람이 많은 만큼 동물 보호 운동에 뛰어드는 사람 중에도 개와 고양이의 열악한 처지를 개선하려는 사람이 많아요. 직접 뛰어들지 않더라도 동물 보호 단체들은 주로 지지자들의 후원금으로 운영되는 까닭에 가장 많은 사람에게 후원을 이끌어 낼 수 있는 이슈를 중심으로 돌아갈 수밖에 없어요. 물론 개 농장이나 강아지 공장, 번식장 등 개와 고양이의 처지가 워낙 열악하니까 반려동물 보호 운동은 더 성장해야 하고 목소리도 커져야 합니다. 그러나 우리가 책임감을 느껴야 하는 동물은 반려동물이 전부가 아니에요.

세상에 존재하는 동물종을 인간의 쓰임으로 나누자면 가장 많은 수를 차지하는 동물은 농장 동물입니다. 닭이 230억 마리로 가장 많고, 소 10억 마리, 돼지 6억 7,700만 마리, 물고기가 5,900만 마리 정도예요. 또 반려로 기르는 개는 9억 마리, 고양이는 3억 7,000만 마리 정도로 추산하고 있지요. 야생에 남은 호랑이가 약 3,890마리이고 사슴류 전체가 3,000만 마리인 것과 견주면 농장 동물의 수가 압도적으로 많습니다.

이 농장 동물 중 약 60~70퍼센트가 '공장식 축산'이라고 부르는 집약식 농업으로 길러집니다. 자연스러운 환경이 아니라 공장과 같은 곳에서 물건을 찍어 내듯이 생산되고 있다는 뜻이지요. 그리고 모든 농장 동물은 고기가 될 만큼 자라거나 쓰임이 다하면 도살됩니다. 그러나 아직 농장 동물의 복지나 권리를 연구하고 활동하는 단체나 운동가는 매우 적어요. 최근에야 젊은 동물 보호 운동가 소수가 동물 권리와 채식을 주장하기 시작했고, 아직 농장 동물의 복지에 대해서는 기업에 동물 복지 농장 제품을 쓰도록 요구하는 수준에 그치고 있어요. 해외의 동물 보호 단체에서 농장 동물의 복지를 직접 연구하고 제도 개선에 앞장서는 것과 비교하면 갈 길이 멀게 느껴집니다.

실험동물 분야는 가장 전문적이고 공식적으로 동물을 다루어야 하기에 동물 보호에 대해서도 먼저 제도화가 이루어졌습니다. 예컨대 모든 동물실험 기관에서 동물실험윤리위원회를 설치해 스스로 운영하면서 동물실험이 제대로 이루어지는지 감시하는 제도가 대표적입니다. 그러나 법이 존재한다고 해서 동물들이 행복해지는 것은 아니에요. 동물실험을 위해 생산되는 동물들은 집단 생산되어 사육되고, 결국 실험에 쓰이다가 실험이 끝나면 죽임을 당하는 운명이기 때문에 실험동물들의 복지가 훼손될 가능성은 반려동물보다 훨씬 높아요.

실험동물의 사용을 제한하는 법적 장치가 있지만, 아직 한국의 행정 당국은 모든 실험동물 시설을 둘러볼 만한 여유도 의지도 없습니다. 정부가 나서서 실험동물까지 챙기도록 하려면 결국 동물의 안위에 관심 있는 사람들이 실험동물들이 어떻게 살고 있는지,

실험이 얼마나 고통스러운지, 안락사는 제대로 이루어지는지 감시해야 합니다.

2019년 봄, 뉴스에 자주 나왔던 '메이'라는 비글종의 실험동물 이야기는 동물 보호 단체의 감시와 주장이 얼마나 중요한지 보여 줍니다. 메이는 복제 실험으로 태어나 검역견으로 활동했던 실험견인데 비윤리적인 동물실험에 사용되다 결국 죽었습니다. 국내 최고라고 불리는 수의과대학에서 해당 실험을 했던 교수를 통제하지 못했던 결과로, 결국 동물 보호 단체가 수의과대학의 교수를 동물 학대로 고발하고 나서야 비윤리적인 실험을 멈출 수 있었습니다. 법과 제도가 제대로 시행되지 않을 때 이를 감시하고 적발해서 사회문제로 만드는 것이 동물 보호 단체의 중요한 역할이에요.

마지막으로 야생동물 보호 이야기를 해 볼게요. 야생동물 보호 단체는 우리가 알고 있는 동물 보호 단체와는 초점이 조금 달라요. 일반적으로 동물 보호 단체들은 동물 개체의 복지와 권리를 챙기는 반면, 야생동물 보호 단체는 자연 생태 속에서의 동물의 역할에 집중합니다. 자연 속 모든 야생동물이 톱니바퀴 하나하나가 되어 생태계에서 제 역할을 할 때 자연이 온전히 지켜지기에 동물을 보호해야 한다는 논리가 성립하지요.

이런 관점으로 생각하면 배스나 블루길, 뉴트리아처럼 사람이 인위적으로 옮겨 놓아 생태계를 파괴하는 외래 침입종은 야생동물 보호 대상이 아니라 오히려 포획해서 죽여야 하는 대상이 되곤 해요. 개와 고양이 역시 인간이 인위적으로 도입한 종이기에 야생에 있을 때에는 생태계를 파괴하므로 야생동물 보호를 위해서는 솎아내야 하는 종이 되는 거예요. 그래서 특히 고양이를 보호하는 단체와 갈등을 겪기도 합니다. 어느 쪽이 항상 옳다는 결론은 내릴 수 없습니다. 다만 구체적인 맥락에 따라 다양한 윤리를 가진 주체들이 과학적 근거에 따른 합의를 해 나가야 하겠지요.

동물 보호 운동가가 더 많이 필요해요

동물 보호 운동을 하는 사람들은 다른 시민운동을 하는 사람들과 마찬가지로 옳은 일을 한다는 사명감으로 활동합니다. 시민들의 후원금으로 단체를 꾸리지만 세상에는 도움이 필요한 동물이 너무나 많아서 돈은 늘 부족하고 월급도 제대로 받지 못하는 사람이 대다수입니다. 그래서 생계는 다른 일로 꾸리고 무급으로 봉사하는 활동가도 많아요. 해야 할 일은 많은데 몸은 하나라 늘 바쁘게 살아갑니다.

특히 동물을 위해 일하는 것은 사회적 약자를 위해 일하는 것이지만, 인간인 사회적 약자를 위해 일하는 것만큼 중요하게 여겨지지 못하기도 합니다. 먹고살 만한 사람들이 여유 부리는 것처럼 보일 때도 있지요. 이렇게 어려운 일이라 선뜻 하겠다고 나서는 사람이 늘 부족합니다.

동물 보호 운동가가 되는 방법은 두 가지예요. 첫 번째로 동물 보호 단체에 들어가는 방법입니다. 단체에 소속되어 동물 보호 활동을 한다는 것은 이미 단체가 하고 있는 사업의 일부를 맡는다는 의미라서 어떤 일을 해야 할지 막막하게 느끼지 않아도 됩니다. 선배 활동가들이 해 오던 일을 하거나 새로운 이슈가 생겼을 때 단체 차원에서 어떻게 대응할지 결정할 수 있죠. 몇몇 큰 단체는 한국 사회에서 꽤 영향력을 가졌기 때문에 유리한 점이 있어요. 규모가 있는 단체에는 동물을 직접 구조하거나 돌보는 팀부터 정책을 연구하는 팀, 디자인 팀, 모금 팀 등 다양한 분야의 일이 기다리고 있습니다.

두 번째로 개인적으로 사람들을 만나고 동물을 돕는 활동을 하는 방법입니다. 개인적으로 활동할 때는 할 수 있는 일의 규모에 한계가 생기는 대신 가장 중요하다고 생각하는 것을 스스로 결정하고 행동에 옮길 수 있다는 장점이 있습니다. 그러나 개인이 사회적으로 영향력을 가지려면 노력과 시간을 많이 들여야 하지요. '무엇을 할 것인가?'라는 질문은 활동가에게도 늘 어려운 과제입니다. 같은 고민을 하는 사람들과 모여 함께 생각을 나누어 보세요. 그게 바로 동물 보호 운동의 첫걸음이 될 거예요.

지금 동물들에게는 무엇이 필요할까요?

동물에게 필요한 것을 찾는 일은 중요하면서 어려운 일입니다. 예컨대, 햇볕도 들지 않는 좁은 실내 동물원에 갇혀 있는 사자에게는 무엇이 필요할까요? 우리가 해 줄 수 있는 일은 무엇일까요?

두 번째 질문부터 답하자면 우리 모두가 쉽게 할 수 있는 일은 실내 동물원에 가지 않는 거예요. 실내 동물원이 갑자기 늘어나고 돈을 많이 버는 현상은 사람들이 그곳이 얼마나 동물을 고통스럽게 해서 돈을 버는지 모르기 때문에 나타납니다. 동물을 괴롭히는 산업에 돈을 보태지 않는 정도가 그곳의 동물들을 위해 누구나 할 수 있는 일이에요. 실내 동물원에 아무도 놀러 가지 않는다면 더 많은 야생동물을 수입해서 전시하는 동물원 산업도 쪼그라들겠죠.

그러나 우리가 잊지 말아야 할 것은 그 안에 이미 살고 있는 동물들입니다. 수년에서 수십 년을 사는 동물들은 방문객이 있든 없든 죽기 전까지는 열악한 환경에서 계속 살아 내야 합니다. 그 동물들의 삶은 어떻게 해야 나아질 수 있을까요?

농장에서도 마찬가지예요. 고기를 먹지 않음으로써 농장에서 생산하는 동물을 줄일 수도 있어요. 인구와 육류 소비량의 증가세를 본다면 가능성은 매우 낮지만요. 그러면 농장에서 살고 있는 동물들은 어떻게 해야 할까요? 앞으로 태어나서 농장에서 살게 될 동물들에게는 무엇을 해 줄 수 있을까요?

동물에게 필요한 것이 무엇일지 고민하고 토론하고 연구하는 행위는 동물의 삶을 나아지게 하는 데 중요한 토대가 됩니다. 동물 보호 운동에서도 동물에게 필요한 것을 묻는 일이 더 많아져야 해요. 언뜻 생각할 때 불쌍해 보이는 동물에게 모든 관심을 쏟기보다는, 어떤 동물에게 어떤 도움이 필요할지 전체를 톺아보고 우리가 가진 제한된 자원을 어떻게 나누어 써야 효율적일지 따져 보는 것이 바람직하지요. 다양한 시간과 장소에서 우리가 만나는 동물들에게는 저마다 필요한 것이 다르고 동물을 보호하는 사람들의 윤리도 다양합니다. 동물 보호 운동은 이 안에서 구체적인 맥락과 동물의 필요를 온전하게 받아안는 일입니다.

8

경계를 허물고
존중을 세우다

어느새 마지막 장에 다다랐습니다. 지금까지 인간과 비인간 동물이 들판에서, 집에서, 농장에서, 동물원에서, 실험실에서 함께해 온 역사를 살펴보며 여러분은 어떤 생각을 했나요?
이번 장에서는 우리가 지금까지 나눈 대화 속에서 다시 한번 곱씹어 볼 내용은 무엇인지 되짚어 보겠습니다. 그리고 공존하는 미래를 위해 우리가 한 발짝 더 내디뎌야 할 방향은 어디인지도 함께 찾아봅시다.

인간과 동물 사이에 경계를 세우다

경이로운 존재에 대한 존중

동물에 대한 인간의 태도는 시대나 문화에 따라 달라집니다. 당연히 선사시대 인간에게 있어 동물은 지금의 동물과는 다른 의미였겠죠. 초기 인류는 동물들과 마찬가지로 사냥을 하는 자이기도 하고, 사냥을 당하는 자이기도 했어요. 아프리카의 한 동굴에서 발견된 오스트랄로피테쿠스의 머리뼈 화석에는 표범에게 물린 이빨 자국이 남아 있었어요. 인류의 조상은 동물을 사냥하기도 했지만 사냥감이 되기도 했던 평등한 동물 무리 중 하나였을 거예요.

그런 상황에서 인간보다 훨씬 빠르고 힘이 세며 날카로운 발톱과 이빨을 지닌 동물들은 인간에게는 두려움과 경이의 대상이었을 테죠. 이러한 태도는 자연스럽게 종교적인 의미로 인간의 문화에 자리 잡았습니다. 자연과 모든 생물에 영혼이 깃들어 있다는 믿음인 샤머니즘이나 특정 동물을 신격화한 토테미즘이 그것이에요.

모든 문화권의 고대 종교와 신화에는 신격화된 동물이 존재합니다. 북아메리카 서부 해안의 원주민들은 동물 모양으로 쌓아 올린 토템폴을 집 앞에 세웠지요. 세상을 수호하는 곰이나 마법의 힘을 가진 까마귀, 지혜와 구원을 상징하는 돌고래, 고귀함과 신뢰를 나타내는 개와 같은 다양한 동물이 토템폴에 담겼습니다. 토템폴은 가족과 부족의 이야기를 담고 있어요. 이들은 동물이 물질적인 세계와 정신적인 세계 모두에서 인간과 함께한다고 생각했습니다. 인간은 동물과 소통함으로써 힘과 지혜를 얻었지요.

돌로 거친 도구를 만들게 되면서 인간은 더욱 적극적으로 사냥을 할 수 있는 능력이 생겼어요. 그러나 여전히 사냥은 어렵고 목숨을 잃을 위험이 따르는 일이었지요. 프랑스의 라스코 동굴벽화나 트루아 프레르 동굴벽화에는 구석기시대의 사냥 풍경이 그려져 있습니다. 이 벽화에는 주술사나 의식을 치르는 신성한 사람이 함께 묘사되어 있어요. 삶과 죽음이 공존하는 이 과정에서 영혼을 가진 동물들은 사냥감이 될 수는 있어도 함부로 대해서는 안 되는 존재들이었지요.

이런 태도는 전통적인 사냥 문화에도 남아 있습니다. 한국을 포함한 동아시아 지역에서 전통적인 예(禮)를 따르는 사냥꾼들은 잡은 동물의 영혼을 위로하고, 때로는 사냥감의 일부를 신에게 바쳐

감사의 뜻을 표하고 다음 사냥도 성공하기를 기원했지요.

쓸모 있는 동물을 효율적으로 생산하는 법

신석기시대의 가장 큰 변화 중 하나는 동물의 가축화예요. 인간은 염소와 소, 돼지 같은 동물을 키워 고기와 우유, 가죽을 얻었어요. 비록 동물을 이용하기는 했지만, 동물과 인간의 관계에는 친밀감과 유대감이 있었습니다. 동물을 지켜보고 돌봐야 했기 때문이지요. 인간의 통제 안에서 가축이 건강하고 안전하게 사는 것은 인간에게 중요한 일이었어요. 인간은 키우기 쉽게 동물의 몸집을 작게 만들거나 고기와 지방을 많이 얻기 위해 살을 찌웠습니다. 털 색깔이나 뿔 모양도 인간의 선호에 따라 다양하게 변해 갔지요.

이렇게 가축화를 거치면서 인간은 자신을 다른 동물들 무리에서 떼어 냈습니다. 인간은 동물을 마음대로 조정할 수 있는 우월한 존재가 되었고, 인간 사회에서 동물은 인간의 이익에 들어맞는 쓸모 있는 존재가 되는 것이 중요했어요. 인간이 가축을 키우는 방식은 아주 오랫동안 크게 변하지 않았습니다. 고기를 먹는 것도 상류층이나 부유한 사람들의 몫이었어요. 문화적 배경에 따라 육류를 아예 섭취하지 않거나 특정 가축의 고기를 꺼리는 사람들도 있었지요. 그러나 근대화와 도시화가 진행되고 인구 증가에 따라 육류 소비가 늘어나면서 그 양상이 변했습니다.

가축이 태어나고, 자라고, 도살되고, 해체되기까지의 과정을 마을 안에서 볼 수 있었던 전통적인 방식은 사라졌지요. 사람들은 소와 닭, 돼지를 더는 집 근처에 놓아먹이지 않았어요. 제2차 세계대전 이후 인구가 증가하면서 축산업계는 육류를 더 값싸게, 더 많이 제공해야 했습니다. 그러다 보니 자연스럽게 더 효율적인 생산방식을 찾게 되었어요. 가능한 한 좁은 장소에서 많은 동물을 키우고, 살을 찌우기 위해 움직임을 줄이고, 동물에게 적합한 온도를 유지하고, 일하는 사람들의 노동을 줄이는 등의 방법을 만들어 낸 것이죠.

이렇게 '공장식 축산'이라고 불리는 현대화된 밀집 사육이 시작되었습니다. 특히, 밀집 사육 시설은 가축 감염병의 원인체가 유입되지 않도록 외부와 차단하고, 제한된 사람들만 출입할 수 있게 하며, 인공적이고 일정한 환경을 유지하는 것이 중요합니다. 이렇게 키워진 가축은 이제는 도시에서 멀리 떨어진 기계화된 도축장으로 보내져 생을 마치고 가공되어 상품화됩니다.

고기를 사 먹는 사람들은 그중 어떤 과정도 볼 수가 없어요. 축산 관련 전문 직업을 가진 소수의 사람만이 고기가 되기 전 살아 있는 동물이나 동물을 도살하는 것을 볼 수 있습니다. 2019년

《농림축산식품 주요통계》에 따르면, 2018년 한국에는 소 310만 마리와 돼지 1,130만 마리가 살고 있었고, 약 87만 마리의 소와 1,700만 마리의 돼지가 한 해에 도축되었다고 합니다. 이러한 통계에서도 볼 수 없는 저 많은 동물과 그들의 삶에 대해 우리가 가지는 태도가 진지해지기는 어렵습니다.

인간과 동물 사이의 경계를 허물다

고통을 느낄 수 있는 존재

인간이 스스로를 다른 동물들과 구별하고 이들을 이용하는 데 거리낌이 없도록 동물을 무시해 온 것만은 아니에요. 살아 있는 생명을 함부로 대하지 않는 태도는 고대에서 현재까지 모든 문화권에서 상식이었습니다.

이런 태도는 결국 인간을 둘러싼 환경을 안전하게 만들어서 인간 스스로의 번영을 꾀하는 영리한 진화 전략일 수도 있어요. 또한 동물을 보호하는 것이 인간의 우월한 이성과 공감 능력을 보여주는 행위일 수도 있고요. 어쩌면 생물로서 본능적으로 살아 있는 존재를 아끼는 '생명애(바이오필리아)'가 존재하기 때문일 수도 있습니다.

자연철학자 아리스토텔레스는 식물과 동물, 그리고 인간의 차이가 영혼의 수준에 있다고 믿었어요. 동물은 자극을 느끼고 반응하는 감각 능력이 있지만, 인간만이 이보다 높은 수준의 이성 능력이 있다는 것이지요. 이런 생각을 극단적으로 정리한 17세기 프랑스 철학자 르네 데카르트는 인지능력과 언어능력, 자의식을 인간만의 특성이라고 생각했어요. 동물은 이와 비슷한 능력을 보일 수도 있지만, 이는 본질적으로 인간의 것과는 다르고 인간은 동물을 인간처럼 대할 의무가 없다는 거예요.

물론 데카르트의 생각에 동의해서 인간이 가진 이성과 윤리와 내재적 가치를 동물이 가지고 있지 않더라도, 동물을 함부로 대하는 것이 인간의 본성에 악영향을 끼치거나 인간에게 간접적으로 해가 된다는 철학적인 견해도 존재했습니다.

공리주의 철학자 제러미 벤담은 데카르트의 생각을 비판했어요. 벤담은 동물이 생각할 수 없거나 말할 수 없다는 것이 우리가 동물을 배려하지 않아도 된다는 뜻은 아니라고 말했습니다. 동물이 '고통을 느낄 수 있다면' 우리는 그 고통을 배려해야 할 윤리적인 의무가 있어요. 이 강력하고 단순한 가정은 이후 동물 보호 운동을 비롯해 동물 복지 정책과 제도에 많은 영향을 끼치게 됩니다.

이 두 사람을 시작으로 철학적 논의에서 동물과 인간의 차이가 인간이 동물을 함부로 이용해도 된다는 근거가 된다는 의견을 내놓기가 어려워졌습니다. 이러한 차이가 정당하다면, 인간이지만 정서적 또는 지적 장애가 있거나 너무 어리거나 연로해서 고도의 인지능력과 언어능력을 보일 수 없는 이들도 배려할 이유가 없다는 결론에 닿을 수 있기 때문이지요. 적어도 도덕적 배려에 있어 인간과 동물의 경계가 희미해지는 지점입니다. 그리고 근대 이전까지 동물을 이용하는 데 급급했던 과학도 동물에 대해 다른 시각을 내놓기 시작했어요.

생각과 마음을 가진 존재

찰스 다윈은 《종의 기원》(1859년)에서 모든 동물이 동일하고 단순한 존재에서 기원하며, 환경에 적응하기 좋은 특성이 있는 동물들이 이 형질을 다음 세대로 전달하면서 생존의 기회를 높여 왔다고 밝혔습니다. 인간은 단순히 한 동물종일 뿐이며 진화가 오랜 시간 그려 낸 많은 가지 중 하나라는 그의 생각은 그동안 인간이 유지해 오던 우월한 지위에 상처를 냈어요. 다윈의 생각대로라면 인간이 가진 감정과 인지능력은 진화의 산물일 뿐이니까요.

게다가 다윈은 자신의 책 《인간과 동물의 감정 표현》(1872년)에 썼듯이 어떤 동물들은 감정을 가지고 합리적으로 행동할 수 있는 존재라는 것도 믿었습니다. 그리고 인간이 동물의 감정을 어느 정

도 이해할 수 있다는 것도 말이에요.

동물을 분해하던 생물학은 동물의 반응과 행동에 관심을 가지기 시작했습니다. 인간 말고도 많은 동물이 인지능력을 갖추고 있음이 밝혀졌고, 영장류와 코끼리 같은 동물은 주어진 문제를 해결하고 협력하며, 심지어 유사 언어나 소통의 도구를 사용하기도 합니다.

예를 들어, 도구를 사용하는 데 익숙한 침팬지는 습관적으로 나무에 돌을 던져서 나무 주위나 구멍에 돌무더기를 만들곤 합니다. 그런데 최근 아프리카에서 진행된 한 연구는 침팬지가 이때 나무 종을 구별해서 돌이 부딪치며 내는 소리를 의도적으로 구분할 가능성이 있다고 밝혔어요.

미국 브롱크스동물원에 있는 아시아코끼리들은 자기 인식의 지표로 불리는 '거울-자기 인지 테스트'를 통과했어요. 2012년 한국의 에버랜드에서 아시아코끼리 '코식이'는 코와 입을 활용해 한국어 단어 7개를 따라 해서 학술 저널에 보고되기도 했습니다. 2011년 케임브리지대학교의 코끼리 연구 팀이 태국의 코끼리보호센터에서 수행한 실험에서는 코끼리가 두 마리의 협력을 통해서만 얻을 수 있는 먹이를 획득하는 데 성공해 지적 능력을 증명했다고 해요.

심지어 인간과는 먼 진화의 분지에 놓여 있는 문어와 같은 일부 두족류의 지적 능력도 무시할 수준이 아닙니다. 지중해에서 포획한 야생 문어들은 실험실 수조에서 방향을 바꾸고, 장벽을 세운 컨테이너를 열고 먹이를 꺼내는 복잡한 행동에 모두 성공했어요. 유럽연합에서 문어를 포함한 두족류를 2010년부터 '특별한 무척추동물군'으로 구분함에 따라 두족류를 이용해 동물실험을 하려면 유럽연합이 정한 동물실험 지침을 따라야 합니다.

물론 인간은 인간과 비슷한 형태로 나타나지 않는 동물의 능력을 이해하지 못할 수도 있다는 사실을 자각하기 시작했어요. 그러니 인간이 이해할 수 있는 능력으로 우월하다고 만들어 놓은 경계조차도 점점 의미를 잃어 가고 있는 셈이지요. 경계가 의미를 잃어 가면서 동물에 대한 인간의 배려와 의무는 더 강해질 수밖에 없습니다.

인간과 같은 질병에 걸릴 수 있는 존재

진화적으로 인간과 가까운 척추동물들은 인간과 많은 질병을 공유해요. 가축화 이후 인간과 밀접하게 공간을 공유해 온 동물들은 인간에게 광견병이나 탄저병 같은 감염병의 병원체를 전달했습니다.

지난 100년 동안 인구가 3.5배 늘었고 최근 50년 동안 육류 생산량은 4배가 되었습니다. 인류의 역사가 시작된 이래 가장 급격한 변화인 셈이에요. 인간과 가축이 사용하는 토지가 늘어났으며, 예전에는 접촉하지 않았던 야생의 동식물과 의도하지 않은 접촉도 늘어났습니다. 보건과 생태 분야 학자들은 오래전부터 한목소리로 무분별한 서식지 파괴나 야생동물 불법 수렵의 위험성을 지적해 왔어요. 사람과 가축의 밀도가 높은 현대사회에서 미지의 병원체와 접촉하는 것이 강력한 감염병의 대유행을 쉽게 불러올 수 있다는 이유였어요.

중증급성호흡기증후군(SARS, 사스), 중동호흡기증후군(MERS, 메르스), 신종인플루엔자(H1N1, 독감)를 비롯해 조류인플루엔자(조류독감) 같은 신종 감염병은 인간과 동물 모두를 공격하는 인수 공통 감염병의 형태로 앞에서 언급한 이유로 생겨났어요.

가장 최근의 예는 코로나19바이러스입니다. 중국 우한의 전통시장에서 시작된 것으로 추측되는 코로나19바이러스는 야생동물과의 접촉에서 새롭게 유입되었지요. 예전에는 우리와 상관없다고 여겨지던 야생동물의 삶이 이제 인간에게도 중요해졌습니다. 야생동물의 서식지를 보전하고 이들이 살아가는 생태계의 균형을 스스로 이룰 수 있도록 돕는 일은 더 이상 몇몇 환경 단체의 구호로 흩어질 일이 아닌, 인간의 생존과 맞물린 문제가 되었어요.

인간이 만들어 놓은 인간의 우월한 지위는 한 동물종으로서의 인간이 새로운 병원체에 감염되는 데 어떤 특별함도 주지 못했습니다. 오히려 인간이 이용하는 동물을 통해 병원체가 종간 감염을 일으키는 데 도움이 되었지요. 그리고 그 피해는 인간과 가축 모두가 입고 있습니다.

유럽과 미국, 홍콩에서는 코로나19바이러스에 감염된 사람이 키우는 개, 고양이가 감염된 사례도 보고되었어요. 유럽에서는 감수성이 좀 더 큰 밍크 농장에 피해가 컸지요. 감염되었다는 것만으로도 경제적 타격이 크기 때문에 네덜란드에서는 수십만 마리의 밍크를 살처분하기도 했습니다. 신종 감염병을 예방하기 위해 이제 인간은 동물과 경계 없는 대책을 세워야 합니다.

인간과 동물을 함께
바라보는 새로운 관점

동물도 인간을 구분할까?

우리가 동물을 바라보는 관점에는 지금까지 존재했던 다양한 태도가 혼재되어 있습니다. 인간과 동물이 함께하는 상황과 맥락이 다양해서 이때마다 일관성 있는 태도를 보이지도 못하고 있고요.

게다가 우리는 같은 종의 동물 사이에도 쉽게 경계를 구분합니다. 인간이 동물을 이용하는 방식이나 인간이 동물을 놓아 둔 장소에 따라 반려동물, 식용동물, 실험동물, 동물원 동물 같은 이름으로 구분하지요. 그리고 그 구분에 따라 동물들을 다르게 대합니다. 같은 종 또는 품종의 동물도 이 구분에 따라 서로 다른 법과 규정의 제약을 받습니다.

인간은 동물을 구분하고 계층화해서 이에 따라 동물을 다르게 대하는 것을 은근히 정당화했습니다. 인간이 이용하기 적절한 동물은 좋은 동물이고, 인간에게 이용되기를 거부하는 동물은 해로운 동물로 나누기도 했지요.

그러나 그 분류의 경계가 절대적인 것은 아니에요. 예를 들어 농림축산식품부에서 발표한 '2019 동물 보호에 대한 국민의식조사'에 따르면, 한국의 전체 반려동물에서 80퍼센트를 차지하는 개는 중형 실험동물로서 갖가지 실험에 쓰이고 여전히 식용견으로 길러져 도살되기도 합니다. 식용견 농장에서 구조한 개들이 누군가에게 입양되어 반려견이 될 수도 있고, 버려진 반려동물은 유기견이 되어 들개라는 해로운 부류의 동물이 될 수도 있지요. 물론 이들은 같은 수준의 인지능력이 있고, 고통과 즐거움을 느낄 수 있는 존재입니다.

인간이 동물을 대하는 태도와 관점은 미처 정리되어 있지 않아 보여요. 이러한 태도와 관점을 정리할 수 있을까요? 인간 중심적으로 만들어 놓은 경계를 다시 설정할 수 있을까요? 그렇다면 아마도 동물이 인간을 보는 관점이 필요할지도 모르겠습니다.

동물은 인간을 어떻게 구분할까요? 인간의 용도로 구분하지는 않을 것 같습니다. 어쩌면 동물에게 호의적인 인간과 그렇지 않은 인간 정도로 구분하지 않을까요? 사실 인간 사회에서는 동물에 대한 호의도 종종 비정상적인 것으로 구분되기도 해요. 반려동물 문화가 자리 잡던 근대 초기에 동물에게 애정을 보이는 '동물 애호'

는 결핍이나 일종의 정신 질환으로 여겨지기도 했어요. 지금도 동물에게 특별한 관심과 애정을 보이는 사람을 타인과 정상적인 사회관계를 맺지 못하거나 유난스러운 사람으로 취급하는 경향이 있습니다. 사람에게 쏟을 애정을 비정상적으로 동물에게 쏟는다는 질책이지요.

하지만 인간이 앞에서 말한 두 분류 중 하나를 선택할 수 있다면 동물에게 호의적인 인간으로 남기를 바랄 가능성이 큽니다. 우리 사회에 다른 생물의 고통에 둔감하고 이기적이며 잔인한 존재는 필요하지 않으니까요.

경계를 넘어 존중으로

동물을 배려하며, 동물의 이용을 제한하는 법과 제도가 강화되고 있습니다. 2020년에는 반려동물이라는 지위가 '동물 보호법'에 새롭게 포함되었어요. 2018년에 대법원은 전기 쇠꼬챙이로 개를 도살하는 것이 잔인한 동물 학대라는 판결을 내놓아, 전기 도살을 묵인한 기존의 판결을 무효로 만들었습니다. 2017년 대통령 선거에서 각 당의 후보들은 모두 동물 관련 공약을 내놓았고요. 동물실험을 허가받기 위해 모든 연구자는 실험 계획서를 내고, 동물이

받는 고통을 줄이고, 실험에 사용하는 동물의 수를 줄이는 데 노력을 기울여야 합니다.

세계적으로 유명한 축산 및 식품 회사들은 자신들이 얼마나 동물 복지를 고려해 사업을 운영하는지 광고해서 동물 친화적 상품을 원하는 소비자들을 설득하고 있습니다. '야생동물법'은 야생종 동물을 인간의 호기심으로 마음대로 키우거나 번식시키지 못하도록 동물 복지와 감염병 위협의 관리를 강화하고 있지요. '동물원 및 수족관의 관리에 관한 법률'은 가두어 관리하는 동물들의 처우를 개선하기 위해 기준을 강화하고 있고요.

이런 법들이 때로는 인간의 욕망과 사유재산에 대한 권한을 제한할 수도 있지만, 동물을 함부로 대하지 않는 것이 더 중요하다는 사회적 합의가 이루어지고 있는 거예요.

인간은 오랫동안 동물, 그리고 인간과 동물의 관계를 이해하려고 노력해 왔습니다. 이런 노력이 동물을 보다 효율적으로 사용하고 착취하는 데에만 쓰이고 있지는 않아요. 이렇게 쌓아 온 지식은 인간과 동물의 절대적인 경계를 허무는 근거를 마련해 주었습니다. 동물에 대한 인간 중심적인 태도를 돌아보는 계기를 마련해 주기도 했고요. 어쩌면 인간이라는 종이 이루어야 할 다음 발전 단계는 종을 넘어선 '이해와 존중의 능력'일지도 모릅니다.

저자 소개

이항(프롤로그 집필)

수의생화학을 강의하면서 야생동물과 관련된 보전생물학 및 정책 연구에 힘쓰고 있습니다. 우리는 팬데믹 시대를 살아가고 있습니다. 동물을 존중할 때 인간의 건강과 복지 역시 보호할 수 있다는 사실을, 오늘을 살아가는 독자들과 함께 이야기하고 싶습니다.

– 서울대학교 수의과대학 수의생화학 전공교수

천명선(3, 5, 8장 집필)

인간-동물 관계와 동물 질병의 과학적·역사적·사회적·문화적 의미를 공부하고 연구합니다. 함께 사는 고양이 네 마리와 밥을 챙기고 있는 길고양이들에게 더 다정하고 좋은 세상이 되기를 희망하면서 집필에 참여했습니다. 이 책이 우리 주변 동물의 건강과 안녕에 대해 진지하게 생각해 보는 기회가 되기를 소망합니다.

– 서울대학교 수의과대학 수의인문사회학 전공교수

최태규(4, 6, 7장 집필)

가축을 다루는 수의사로 10여 년 동안 일하다 동물 복지에 대해 더 공부하고 싶어서 영국의 에든버러대학교에 다녀왔습니다. 지금은 동물복지학 전공으로 박사과정을 밟으면서 대학에서 동물 복지에 대해 강의하고 있습니다. 가축으로도, 야생동물로도 인정받지 못하고 복지의 사각지대에서 고통받는 웅담 채취용 사육 곰을 구하기 위해 '곰 보금자리 프로젝트'라는 단체를 만들어 활동하고 있습니다. 평소에 접하기는 어렵지만, 여전히 동물 복지가 필요한 세상 구석구석을 여러분에게 소개하고 싶어서 함께 책을 썼습니다.

-곰 보금자리 프로젝트 활동가, 동물복지학 연구자

황주선(1, 2장 집필)

과연 국가가 생물 다양성을 건강하게 지키는 데 기여할 수 있을지를 고민하며 일하고 있습니다. 현재 동물과 인간 사이의 관계는 긴 역사를 거치며 어디서부터인가 꼬이고 어긋나 버린 듯합니다. 이 꼬여 버린 관계는 인간의, 때론 다른 동물들의 안녕과 생존을 위협합니다. 우리가 동물들과 관계 맺는 과정에서 무엇을 어떻게 엉망으로 만들어 버렸는지를, 그로 인한 피해를 받을 수밖에 없는 다음 세대에게 귀띔이라도 해야 한다는 생각으로 이 책에 참여했습니다. 지금의 10대들이, 그리고 더 많은 다음 세대가 변화의 동력이 되리라 믿기 때문입니다. 아무쪼록 인간을 포함한 모든 동물이 조화롭게 살 수 있도록 더 많은, 더 좋은 선택을 해 주시기를. 염치없이 부탁드려 봅니다.

-환경부 산하 국립야생동물질병관리원 수의연구사

동물이 건강해야 나도 건강하다고요?

1판 1쇄 발행일 2021년 5월 3일
1판 5쇄 발행일 2024년 1월 8일

지은이 이항 천명선 최태규 황주선
발행인 김학원
발행처 (주)휴머니스트출판그룹
출판등록 제313-2007-000007호(2007년 1월 5일)
주소 (03991) 서울시 마포구 동교로23길 76(연남동)
전화 02-335-4422 **팩스** 02-334-3427
저자·독자 서비스 humanist@humanistbooks.com
홈페이지 www.humanistbooks.com
유튜브 youtube.com/user/humanistma **포스트** post.naver.com/hmcv
페이스북 facebook.com/hmcv2001 **인스타그램** @humanist_insta

편집주간 황서현 **편집** 김나윤 한지연 **디자인** 유주현 **일러스트** 엄주(@eomju_)
조판 이희수 com. **용지** 화인페이퍼 **인쇄·제본** 정민문화사

ISBN 979-11-6080-633-5 43400